Karl-Heinz Pfeffer

Lineare Algebra
für Fachoberschulen

Karl-Heinz Pfeffer

Lineare Algebra für Fachoberschulen

Analytische Geometrie
Komplexe Zahlen

Mit 77 Bildern
und zahlreichen Aufgaben

Der Verlag Vieweg ist ein Unternehmen der Bertelsmann Fachinformation GmbH.

Umschlaggestaltung: Klaus Birk, Wiesbaden
Satz: Kníhtlačiareň Svornosť G.m.b.H., Bratislava
Gedruckt auf säurefreiem Papier
ISBN-13: 978-3-528-03821-2   e-ISBN-13: 978-3-322-89854-8
DOI: 10.1007/978-3-322-89854-8

Vorwort

Das vorliegende Unterrichtswerk zur *Linearen Algebra* (Vektorrechnung) ist ein Lehr- und Arbeitsbuch für Fachoberschulen der Klassen 12.

Seine grundlegende Konzeption entstammt der langjährigen Unterrichtspraxis des Verfassers an einer Fachoberschule Technik. Die entsprechende Orientierung am technischen und physikalischen Erfahrungs- bzw. Erlebnisbereich der Lernenden ist dabei so erfolgt, daß eine Verwendung in den anderen Fachrichtungen (insbesondere Seefahrt und Agrarwirtschaft) ebenfalls gut möglich ist.

Wegen der spezifisch technischen Akzentuierung eröffnet sich auch ein Unterrichtseinsatz in einschlägigen Berufsoberschulen sowie in Fachgymnasien Technik.

Die Einführung des Vektorbegriffes erfolgt anschauungsorientiert, entsprechend früh wird den Lernenden die Koordinatenschreibweise nahegebracht. Vor diesem geometrischen Hintergrund erschließen sich günstig die nachfolgenden elementaren Rechenoperationen.

Die zwangsläufig mehr theoretischen Ausführungen über *Lineare Abhängigkeit* bzw. *Unabhängigkeit* helfen Verständnis für die Lösbarkeit *Linearer Gleichungssysteme* zu entwickeln. Bewußt werden in diesem Rahmen 2- und 3-reihige Determinanten vorgestellt. Sie finden sich wieder bei der Darstellung von Vektor- und Spatprodukt und im eigenständigen Kapitel über die Analytische Geometrie von Gerade und Ebene.

Die knapp gehaltenen Ausführungen über den *Vektorraum* sind für Interessierte, die sich einen Ausblick verschaffen möchten.

Besonders erwähnenswert ist die zusätzliche Aufnahme des Kapitels über *Komplexe Zahlen*, ein Zugeständnis an die Fachrichtung Technik.

Viele Beispielaufgaben mit Lösungsweg erleichtern das Einüben des Stoffes und motivieren Schülerinnen und Schüler, das umfangreiche, zum großen Teil anwendungsorientierte Aufgabenmaterial anzugehen. Die Aufgabenanordnung ist überwiegend schwierigkeitsgraddifferenziert erfolgt; besonders schwierige Aufgaben sind *kursiv* gekennzeichnet.

Die mit * versehenen Inhalte dienen der Abrundung. Sie können ohne Einfluß auf das weitere Vorgehen auch weggelassen oder zu einem späteren Zeitpunkt erarbeitet werden.

Hannover, im Juli 1995 *Karl-Heinz Pfeffer*

Inhaltsverzeichnis

Mathematische Zeichen und Begriffe

1 Lineare Algebra/Analytische Geometrie

$\vec{a}, \vec{b}, \vec{c}, ..., \vec{x}, \vec{y}, \vec{z}$	Vektoren
$\vec{v} = \overrightarrow{AB}$	$\overrightarrow{AB}$ als Repräsentant von $\vec{v}$
$-\vec{v}$	Gegenvektor zu $\vec{v}$
$|\vec{v}|$	Betrag des Vektors $\vec{v}$
$\vec{v}^{\,0}$ oder $\vec{e}_v$	Einheitsvektor in Richtung $\vec{v}$
$\vec{e}_x, \vec{e}_y, \vec{e}_z$	orthonormierte Basisvektoren
$\vec{0}$	Nullvektor
$\vec{r}_P$	Ortsvektor zu einem Punkt P
$P(x/y)$	Punkt der x, y-Ebene ($\mathbb{R}^2$-Ebene)
$P(x/y/z)$	Punkt des (Anschauungs-)Raumes: $\mathbb{R}^3$
$\vec{v} = \begin{pmatrix} v_x \\ v_y \\ v_z \end{pmatrix}$	Spaltenschreibweise von $\vec{v}$: Spaltenvektor
$\vec{v} = (v_x, v_y, v_z)$	Zeilenschreibweise von $\vec{v}$: Zeilenvektor
$(\vec{a}; \vec{b}) = \vec{a} \cdot \vec{b}$	Skalar- oder Punktprodukt
$[\vec{a}; \vec{b}] = \vec{a} \times \vec{b}$	Vektor- oder Kreuzprodukt
$\langle \vec{a}; \vec{b}; \vec{c} \rangle$	Spatprodukt
$\begin{pmatrix} a_{11} & a_{12} \\ a_{21} & a_{22} \end{pmatrix}$	2×2-Matrix
$\begin{vmatrix} a_{11} & a_{12} \\ a_{21} & a_{22} \end{vmatrix}$	2-reihige Determinante
$\vec{x} = \vec{r}_0 + \lambda \cdot \vec{v}$	vektorielle Geradengleichung
$\vec{x} = \vec{r}_0 + \lambda \cdot \vec{v} + \mu \cdot \vec{w}$	vektorielle Ebenengleichung

2 Komplexe Zahlen

$i = \sqrt{-1}$	imaginäre Einheit
$\mathbb{C} = \{z \mid z = x + iy \wedge x, y \in \mathbb{R}\}$	Menge der komplexen Zahlen
$z = x + iy$ $\bar{z} = x - iy$	konjugiert-komplexe Zahlen

3 Wichtige Begriffe

Definition

Die Bedeutung eines verwendeten Namens oder Zeichens wird erklärt bzw. festgelegt.

Satz

Aus bereits bekannten Aussagen werden Schlußfolgerungen gezogen, die es zu beweisen gilt. – Zur Beweisführung darf auf eine entsprechende Definition zurückgegriffen werden.

Axiome

Anerkannte, nicht beweisbare Grundsätze, aus denen sich *Sätze* ableiten lassen.

1 Lineare Algebra

1.1 Grundlagen

1.1.1 Skalare und vektorielle Größen

Der Begriff der naturwissenschaftlichen oder technischen *Größe* darf als bekannt vorausgesetzt werden. Noch einmal zur Erinnerung die Kurzformel:

Größe = Zahlenwert mal Einheit.

Mit der als Beispiel gedachten Feststellung, ein Körper habe eine Masse von $m = 75\,\text{kg}$, ist alles Wesentliche zu seiner Materialmenge gesagt.
Wirkt nun auf diesen Körper eine bestimmte Kraft ein, z.B. 150 N [1]), reicht diese Angabe nicht aus, die physikalische Tragweite hinreichend zu erfassen. Die Richtung der einwirkenden Kraft muß gekennzeichnet werden, dann erst erschließt sich, wohin sich der Körper mit hier $a = 1,5\,\text{m} \cdot \text{s}^{-2}$ [2]) beschleunigt fortbewegt.

Je nach physikalischer Charakteristik wird unterteilt in *skalare* und *vektorielle* Größen; die Unterscheidung ergibt sich wie folgt:

Skalar: Größe, bei der es nur auf die Angabe von Maßzahl und Einheit ankommt (*skalare* Größe).

Vektor: Eine Größe, bei der es zusätzlich der Angabe ihrer Wirkrichtung bedarf (*vektorielle* Größe).

Beispiele für Skalare		*Beispiele für Vektoren*	
Masse	m	Kraft	$\vec{F}$
Zeit	t	Weg	$\vec{s}$
Arbeit	W	Beschleunigung	$\vec{a}$
Temperatur	T	elektrische Feldstärke	$\vec{E}$
elektr. Spannung	U	magnetische Feldstärke	$\vec{H}$

Skalar- und Vektor-Begriff sind auch und gerade in der Mathematik unverzichtbar. *Skalare* sind schlichtweg Zahlen, den Unterschied zum *Vektor* herausstellend.

Was nun einen Vektor ausmacht, bedarf weiterer Ausführungen.

1.1.2 Der Vektorbegriff

Ein Blick auf das Wetter soll helfen, den Vektorbegriff weiter zu erhellen.
Von Millionen in den Medien mit Interesse verfolgt, ist es Aufgabe des meteorologischen Dienstes, tägliche Voraussagen zu treffen.

---

[1]) N steht für *Newton*: $1\,\text{N} = 1\,\text{kg}\,\text{m} \cdot \text{s}^{-2}$
[2]) *Newton*'sches Axiom: *Kraft = Masse mal Beschleunigung*

Üblich ist, die Hoch- bzw. Tiefdruckgebiete in Wetterkarten darzustellen und ihre voraussichtlichen Verlagerungen zu markieren.

Bild 1.1 zeigt den Ausschnitt einer solchen Wetterkarte, hier mit einer durch Voll-Pfeil gekennzeichneten Kaltfrontverlagerung und einer mit umrahmtem Pfeil dargestellten abziehenden Warmluft.

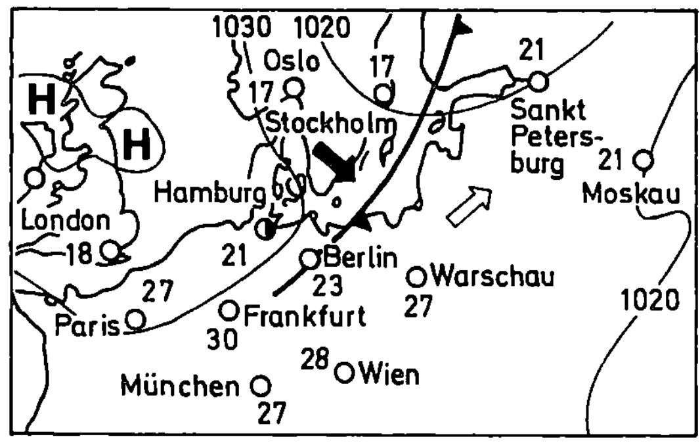

Bild 1.1
Wetterkarte mit Kalt- und Warmfront

Jeweils *ein* Pfeil repräsentiert *alle* Verschiebungen der Luftpartikel in einer Richtung.

Der Blick in den Mikrobereich erschließt sich gemäß Bild 1.2:
Die dargestellten Pfeile kennzeichnen (unter Berücksichtigung eines geeigneten Maßstabes) die auf einzelne Luftpartikel einer jeweiligen Wetterfront wirkende Verschiebung. Sie veranschaulichen damit als gerichtete Strecke (ausschnittsweise) die

Gesamtheit aller Verschiebungen

derselben Charakteristik.

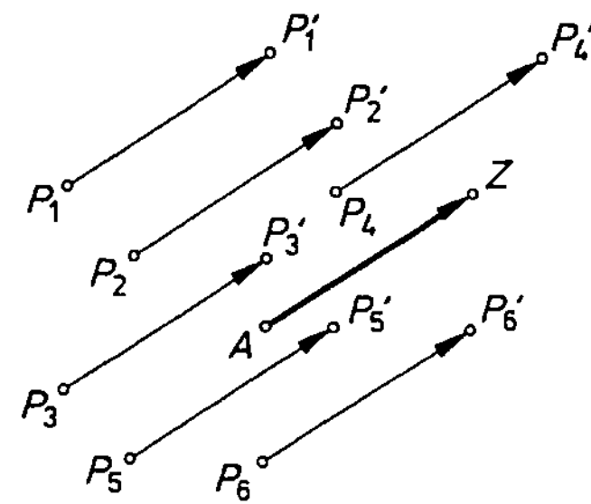

Bild 1.2 $\overrightarrow{AZ}$ als Repräsentant

Und genau diese Menge parallelgleicher Pfeile ist es, die

Vektor[1])

genannt wird.

Unter Verwendung des Symboles $\vec{v}$ (gelesen: Vektor v) ergibt sich

$$\vec{v} = \{\overrightarrow{P_1P_1'}, \overrightarrow{P_2P_2'}, \overrightarrow{P_3P_3'}, ..., \overrightarrow{AZ}, ...\}.$$

> **Definition 1.1**
>
> Ein Vektor ist eine Größe für die *Gesamtheit* aller Verschiebungen gleicher
>
> Länge, Richtung und Orientierung.

Zwecks Schreibweise von Vektoren verwendet man neben $\vec{v}$ die Symbole

$$\vec{a}, \vec{b}, \vec{c}, ..., \vec{x}, \vec{y}, \vec{z}.$$

---

[1]) von *vehere* (lat.): fahren
  Der Begriff *Vektor* stammt von William R. *Hamilton* (1805–1865); irischer Mathematiker. Er gilt neben dem dt. Mathematiker *Graßmann* (1809–1877) als Erfinder der Vektorrechnung.

Der aufgesetzte Pfeil soll dabei den geometrischen Aspekt der *gerichteten* Strecke herausstellen.

Die Definition offenbart es:

> Ein Vektor ansich ist von der Anschauung her ein unhandliches Gebilde, in seiner Gesamtheit letztendlich nicht zu zeichnen.

Aber: Jeder Pfeil für sich allein genügt, den Vektor in seiner Charakteristik zu veranschaulichen, zu repräsentieren.

Es gibt daher Sinn, für den in A beginnenden Repräsentanten des Vektors $\vec{v}$ (in Bild 1.2 veranschaulicht) kürzer zu sagen, es sei der in A abgetragene Vektor $\vec{v}$.

Demzufolge ist auch die symbolische Schreibweise

$$\vec{v} = \overrightarrow{AZ}, \quad \text{(gelesen: Vektor } AZ\text{)},$$

zwecks Vereinfachung akzeptabel, wohlwissend, daß gemäß Definition 1.1 ein Unterschied besteht zwischen dem eigentlichen Vektor $\vec{v}$ und seinen Repräsentanten, den einzelnen Pfeilen.

Entsprechend tituliert man unter geometrisch-anschaulichem Aspekt

$$\left.\begin{array}{l} \text{Anfangspunkt} \quad A \text{ als Fuß,} \\[4pt] \text{End-/Zielpunkt} \quad Z \text{ als Spitze} \end{array}\right\} \text{des Vektors.}$$

Vor diesem Hintergrund wird nachvollziehbar, daß Schreibweisen wie

$$\overrightarrow{AB}, \overrightarrow{BC}, \overrightarrow{CD}, ..., \overrightarrow{OP}, ...$$

dann ihren Sinn haben, wenn man z.B. $\overrightarrow{AB}$ als denjenigen Vektor auffaßt, für den die gerichtete Strecke vom Anfangspunkt A zum Endpunkt B ein Repräsentant (neben vielen anderen) ist.

Im Klartext:

> Es ist verständlich und der Mathematik nicht abträglich, wenn bereits der einzelne Pfeil (nicht ganz korrekt) als Vektor bezeichnet wird. – Der Veranschaulichung dient es allemal.

Betrag des Vektors

Man versteht darunter die Länge (= Betrag) des Vektors und schreibt

$$|\vec{v}| = |\overrightarrow{AZ}| = v \quad \text{mit } v \geq 0.$$

Der sich ergebende Zahlenwert (in der praktischen Anwendung mit Einheit zu versehen) wird auch *Skalar* genannt.

Sonderfälle

1. *Einheitsvektor* $\vec{e}$: Vektor mit dem Betrag 1.[1]

2. *Nullvektor* $\vec{0}$:   Vektor mit dem Betrag 0.

            Eine Verschiebung findet nicht statt; Anfangs- und Endpunkt fallen zusammen.

---

[1] über Bedeutung und weitere Schreibweisen später mehr.

Geometrische Merkmale eines Vektors

Zwecks erster Zusammenfassung zeigt Bild 1.3 einen Repräsentanten des Vektors $\vec{v}$. Seine vorgestellten geometrischen Merkmale

- Betrag,
- Richtung,
- Orientierung

lassen sich mit einem Blick aus der Darstellung entnehmen.

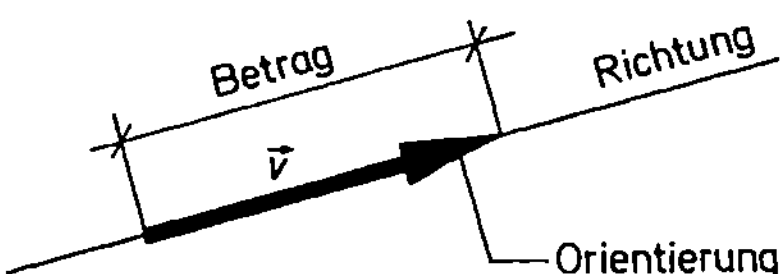

Bild 1.3 Betrag eines Vektors

Vektor und Gegenvektor

Die Tatsache, daß ein Vektor durch einen Pfeil mit Anfangspunkt A und Zielpunkt Z repräsentiert wird (und nicht umgekehrt!), rechtfertigt es, den Begriff *Orientierung* zu verwenden.

Der zu $\vec{v}$ *inverse* Vektor (Bild 1.4) heißt auch *Gegenvektor*[1]) und ist gekennzeichnet durch

| gleiche Richtung und gleichen Betrag,
| aber: umgekehrte Orientierung.

Man schreibt $-\vec{v} = -\overrightarrow{AZ} = \overrightarrow{ZA}$, wobei
$$|-\vec{v}| = |\vec{v}| = v.$$

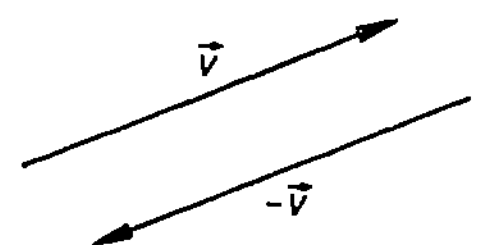

Bild 1.4 Vektor und Gegenvektor

1.1.3 Eigenschaften von Vektoren

Gleichheit

Aus den bisherigen Ausführungen ergibt sich, daß jeder andere der dargestellten parallel-gleichen Pfeile den Vektor hätte repräsentieren können.

Sinnvoll daher, die Gleichheit wie folgt zu definieren:

Definition 1.2

Zwei Vektoren $\vec{a}$ und $\vec{b}$ sind gleich ($\vec{a} = \vec{b}$), wenn ihre Repräsentanten übereinstimmen nach

Länge, Richtung und Orientierung.

Kollinearität

Die Eigenschaft steht für gleichgerichtete Vektoren.

---

[1]) In der *Mechanik* beim Freimachen von Kräften von großer Bedeutung: „*actio = reactio*".

Definition 1.3

Vektoren heißen *kollinear*[1]) zueinander, wenn sich ihre Repräsentanten auf eine

die gemeinsame Richtung vorgebende Gerade

parallel verschieben lassen.

Geometrische Schlußfolgerung:
Kollineare Vektoren sind zu ein und derselben Geraden parallel.

Parallele und anti-parallele Vektoren

Die Ausführungen bedürfen differenzierender Ergänzung:

Kollineare Vektoren

– mit *gleicher* Orientierung heißen *parallel*,
– mit *entgegengesetzter* Orientierung *anti-parallel*

zueinander.

Zwecks Unterscheidung formuliert man auch anschaulicher, sie seien zueinander

– *gleichsinnig* ($\uparrow\uparrow$) $\Big\}$ parallel.
– *gegensinnig* ($\uparrow\downarrow$)

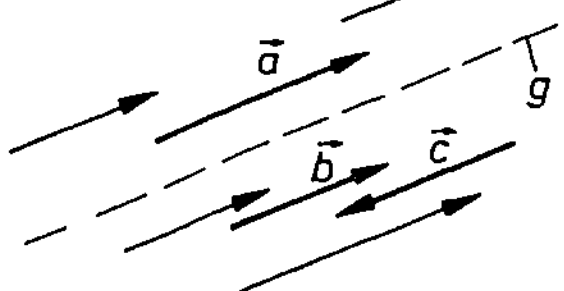

Bild 1.5
Kollineare Vektoren

Aus Bild 1.5 ergibt sich z.B. $\vec{a} \uparrow\uparrow \vec{b}$ bzw. $\vec{a} \uparrow\downarrow \vec{c}$, woraus sich auch $\vec{b} \uparrow\downarrow \vec{c}$ erschließt.

Sonderfall: **Einheitsvektoren**

Der zu einem Vektor $\vec{v}$ kollineare Einheitsvektor wird auch mit

$$\vec{e}_v = \vec{v}^{\,0} \quad \text{(gelesen: } v \text{ oben Null)}$$

bezeichnet.

Entsprechend: $\vec{a}^{\,0}, \vec{b}^{\,0}, \vec{c}^{\,0}, ..., \vec{x}^{\,0}, \vec{y}^{\,0}, \vec{z}^{\,0}$.

Und noch eine Besonderheit:

Dem *Nullvektor* ist keine Richtung zuzuordnen;
er ist kollinear zu jedem anderen Vektor.

Komplanarität

Trägt man zwei Repräsentanten nicht-kollinearer Vektoren an einem gemeinsamen Anfangspunkt an, spannen sie im Raum eine Ebene auf.

---

[1]) Genaueres dazu in Abschnitt 1.3.1 (Lineare Abhängigkeit)

Komplanar zueinander heißen dann alle die Vektoren des Raumes, denen gemeinsam ist, daß ihre Repräsentanten in diese Ebene hinein parallel verschiebbar sind.

Definition 1.4

Vektoren heißen *komplanar* zueinander, wenn sich ihre Repräsentanten auf eine

durch zwei nicht-kollineare[1]*) Vektoren aufgespannte Ebene*

parallel verschieben lassen.

Geometrische Schlußfolgerung:
Komplanare Vektoren sind zu ein und derselben Ebene parallel.

Die im abgebildeten Tetraeder (Bild 1.6) durch Anfangs- und Endpunkte P_1, P_2, P_3 gekennzeichneten Repräsentanten der Vektoren $\vec{a}$, $\vec{b}$ und $\vec{c}$ veranschaulichen, daß gilt: .

$\vec{a}$, $\vec{b}$ und $\vec{c}$ sind komplanar.

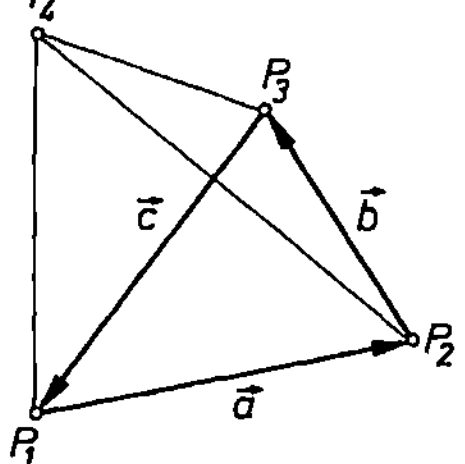

Bild 1.6
Komplanare Vektoren $\vec{a}$, $\vec{b}$ und $\vec{c}$

Entsprechendes (Aufgabe!) läßt sich unter Einbeziehung des Punktes P_4 für die drei anderen durch Vektoren aufgespannten Ebenen aussagen.

Zum Abschluß wiederum eine Besonderheit:

Der *Nullvektor* ist komplanar zu jedem Vektor.

Freie, linientreue, gebundene Vektoren

Für die weitere, rechnerische Erfassung von Vektoren bedürfte es dieser Unterscheidungen nicht.

Da aber

der mathematische Vektorbegriff auf der Gesamtheit der Verschiebungen basiert,

dagegen

der physikalische Vektorbegriff vom einzelnen Pfeil ausgeht,

ist es in der Anwendung gelegentlich ratsam, noch andere Eigenschaften von Vektoren einfließen zu lassen:

1. *Freie* Vektoren dürfen unter Beibehaltung ihrer geometrischen Merkmale (Betrag, Richtung, Orientierung) frei verschoben werden; sie entsprechen somit im wesentlichen dem mathematischen Vektorbegriff.
   Beispiel: Geschwindigkeitsvektor einer gleichförmigen Bewegung.

---

[1]) Eine wesentliche Bedingung; mehr dazu in Abschnitt 1.3.2

2. *Linientreue* (= linienflüchtige) Vektoren dürfen nur längs ihrer Wirkungslinie verschoben werden; man nennt sie auch Linienvektoren.
Beispiel: Kräfte, die an einem (starren) Körper angreifen.

3. *Gebundene* Vektoren sind solche, die von einem festen Anfangspunkt ausgehen.

    a) *Ortsvektoren* stellen einen Spezialfall dieses Typs dar. Im Ursprung eines beliebigen Koordinatensystems beginnend, markieren sie die Lage verschiedener Punkte in diesem System.

    b) *Feldvektoren* sind von besonderer Bedeutung für Physik und Elektrotechnik. Als Beispiel mögen die Strömungsverhältnisse eines Flußlaufes herhalten.

Das inhomogene Geschwindigkeitsfeld der Oberflächenströmung (Bild 1.7) erfordert, für z.B. zwei an verschiedenen Stellen befindliche Körper (durch die Ortsvektoren $\vec{r}_1$ und $\vec{r}_2$ markiert) auch verschiedene[1]) Geschwindigkeits-Vektoren anzugeben.

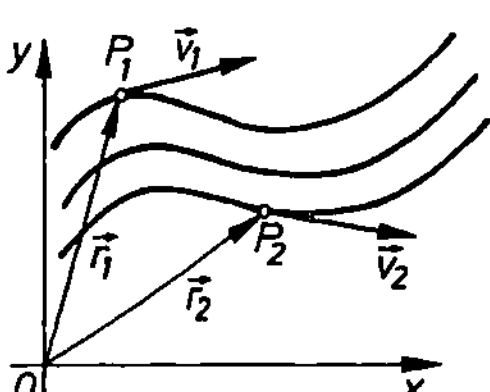

Bild 1.7 Gebundene Vektoren

Es leuchtet unmittelbar ein, daß für bestimmte Sachverhalte Untersuchungen räumlicher Strömungsfelder vonnöten sind. Durch Wahl eines geeigneten 3-dimensionalen Koordinatensystems können nun die unterschiedlichen vektoriellen Größen je nach Lage exakt erfaßt werden.

Die Ausführungen lassen sich übertragen auf das Kraftfeld unserer Erde[2]) und generell auf magnetische oder elektrische Felder:

Der *magnetische Feldstärkevektor* $\vec{H}$ ist es, der jedem Punkt eines Magnetfeldes Richtung und Stärke der magnetischen Kraft zuordnet;
für den *elektrischen Feldstärkevektor* $\vec{E}$ gilt Entsprechendes.

Freier Vektor hin, gebundener Vektor her; ein Gemeinsames gibt es:

    das Rechnen mit Vektoren, die *Vektoralgebra*.[3])

Zur Vorbereitung hierfür dient der nächste Abschnitt.

1.1.4 Vektoren im Anschauungsraum

Rückblickend könnte noch immer die Formulierung

    Gesamtheit der Verschiebungen[4])

auf ein gewisses Unverständnis stoßen.

---

[1]) Man beachte: In diesem Beispiel ist der Geschwindigkeits-Vektor nicht mehr frei verschiebbar.
[2]) Bezogen auf den Mittelpunkt der Erde weist ein Körper der Masse m je nach Lage unterschiedliche Gewichtskräfte auf: Am Äquator ist die Gewichtskraft kleiner als an den Polen, je höher es hinausgeht, desto leichter wird er.
[3]) üblicherweise *Lineare Algebra* genannt
[4]) Ein geradezu klassisches Anwendungsfeld für eine solche Gesamtheit liefern die Nachform-Fertigungsverfahren, so z.B. das Anfertigen eines Nachschlüssels (wieso?).

Zwei Beispiele sollen helfen, den vorgestellten mathematischen Vektorbegriff zu verinnerlichen und im Hinblick auf den anzustrebenden algebraischen Umgang mit Vektoren behutsam zu erweitern.

1. Beispiel: Verschiebung in der IR^2-Ebene (x, y-Ebene)

Die Verschiebung der *Normalparabel* P: $y = x^2$ aus dem Ursprung des Koordinatensystems heraus in den Scheitelpunkt S (5/2) bedeutet letztendlich, dieses mit jedem Punkt der Parabel P auf genau gleiche Art zu tun.

Tabelle 1.1

	x_i	y_i	x_i'	y_i'	$x_i' - x_i$	$y_i' - y_i$
$P_1 \to P_1'$	-2	4	3	6	5	2
$P_2 \to P_2'$	-1	1	4	3	5	2
$O \to S$	0	0	5	2	5	2
$P_3 \to P_3'$	1	1	6	3	5	2
$P_4 \to P_4'$	2	4	7	6	5	2

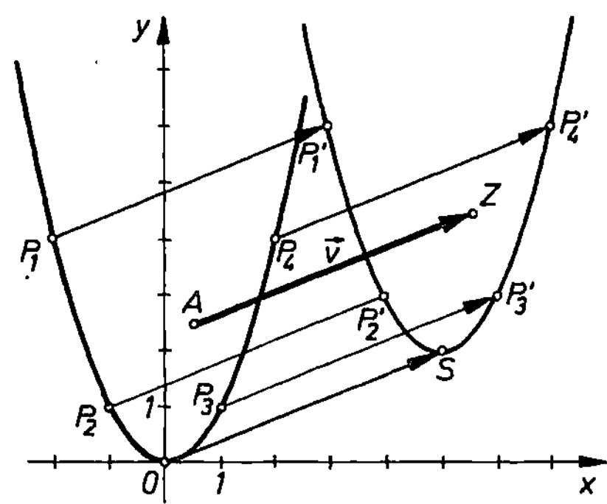

Bild 1.8
Verschiebung einer Normalparabel im IR^2

Im gewählten Beispiel ist gemäß Tabelle 1.1 jeder der dargestellten Pfeile *Repräsentant* des geometrischen Vorgangs,

jeden Punkt der Parabel P in $\begin{cases} x\text{-Richtung um } \mathbf{5} \text{ Einheiten} \\ y\text{-Richtung um } \mathbf{2} \text{ Einheiten} \end{cases}$

zu verschieben.

Als *Vektor* geschrieben, gilt für die Gesamtheit der Verschiebungen

$$\vec{v} = \{\overrightarrow{P_1P_1'}, \{\overrightarrow{P_2P_2'}, ..., \overrightarrow{AZ}, ..., \overrightarrow{OS}, ...\} = \begin{pmatrix} 5 \\ 2 \end{pmatrix}. \,^{1)}$$

Man beachte: Auch der Pfeil $\overrightarrow{AZ}$ in Bild 1.8 kann als Repräsentant des Vektors $\vec{v}$ herhalten, obwohl weder der Anfangspunkt A (0,5/2,5) noch der End- oder Zielpunkt Z (5,5/4,5) auf der aus dem Ursprung heraus verschobenen Parabel liegen.

Das Charakteristikum der Verschiebung ist gegeben:

$$\vec{v} = \begin{pmatrix} x_Z - x_A \\ y_Z - y_A \end{pmatrix} = \begin{pmatrix} 5,5 - 0,5 \\ 4,5 - 2,5 \end{pmatrix} = \begin{pmatrix} 5 \\ 2 \end{pmatrix}.$$

---

[1]) Vorwegnehmend sei erwähnt, daß es sich bei dieser Darstellung um die *Spaltenschreibweise* eines Vektors im IR^2 handelt, und daß die Zahlen *5* und *2* Koordinaten (oder skalare Komponenten) des Vektors genannt werden.

Ortsvektor

Ein spezieller Repräsentant des Vektors $\vec{v}$ ist der Pfeil von $O\,(0/0)$ nach $S\,(5/2)$. Da er seinen Anfangspunkt im Ursprung des Koordinatensystems hat, nennt man ihn auch *Ortsvektor* (oder Ortspfeil). Ihm kommt als *gebundener* Vektor besondere Bedeutung zu, nämlich die Lage von S bezüglich des Ursprungs festzulegen: $S\,(5/2)$.

Die Schreibweise

$$\vec{v} = \overrightarrow{OS} = \begin{pmatrix} 5 \\ 2 \end{pmatrix}$$

steht im Einklang mit den bisherigen Ausführungen.

Daß die skalaren Komponenten des in Spaltenschreibweise angegebenen Vektors $\vec{v}$ mit den Koordinaten des Punktes S übereinstimmen, bedarf später weiterer Ausführungen.

2. Beispiel: Verschiebung im $\mathbb{R}^3$

Das anwendungsorientierte Beispiel aus der 3D-Fertigungstechnik zeigt ein in Bild 1.9 dargestelltes Formstück.

Tabelle 1.2

	x_i	y_i	z_i	x_i'	y_i'	z_i'	$x_i'-x_i$	$y_i'-y_i$	$z_i'-z_i$
$P_1 \to P_1'$	0	5	0	5	2	-1	5	-3	-1
$P_2 \to P_2'$	0	6	$-0,875$	5	3	$-1,875$	5	-3	-1
$P_3 \to P_3'$	0	7	$-1,5$	5	4	$-2,5$	5	-3	-1
$P_4 \to P_4'$	0	8	$-1,875$	5	5	$-2,875$	5	-3	-1
$S \to S'$	0	9	-2	5	6	-3	5	-3	-1
$P_5 \to P_5'$	0	10	$-1,875$	5	7	$-2,875$	5	-3	-1
$P_6 \to P_6'$	0	11	$-1,5$	5	8	$-2,5$	5	-3	-1
$P_7 \to P_7'$	0	12	$-0,875$	5	9	$-1,875$	5	-3	-1
$P_8 \to P_8'$	0	13	0	5	10	-1	5	-3	-1

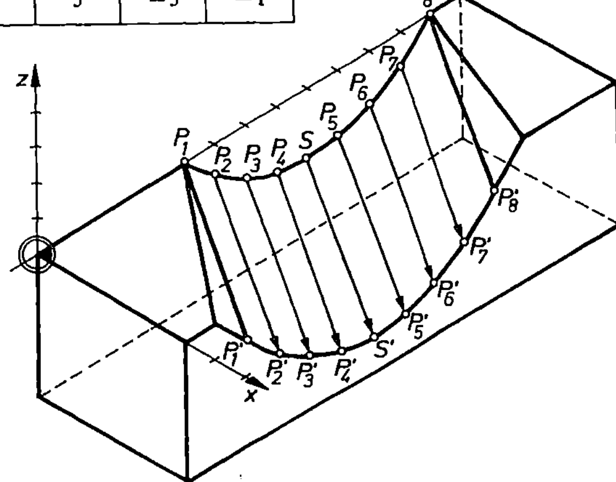

Bild 1.9
Verschiebung einer Parabel im $\mathbb{R}^3$

Ausgehend von der y, z-Ebene, besteht gemäß Tabelle 1.2 die Notwendigkeit

jeden Punkt des Parabelbogens $P_1 P_8$ in $\begin{cases} x\text{-Richtung um } +5 \text{ Einheiten} \\ y\text{-Richtung um } -3 \text{ Einheiten} \\ z\text{-Richtung um } -1 \text{ Einheiten} \end{cases}$

zu verschieben.

Die Charakteristik der Werkzeugbewegung in ihrer Gesamtheit ergibt sich als Vektor zu

$$\vec{v} = \{\overrightarrow{P_1 P_1'}, \overrightarrow{P_2 P_2'}, ..., \overrightarrow{SS'}, ...\} = \begin{pmatrix} +5 \\ -3 \\ -1 \end{pmatrix}.$$

Wie bereits im *Beispiel 1* ($\mathbb{R}^2$-Ebene) zu beobachten, fällt auf, daß die Koordinaten-Differenzen der Punktepaare $P_i P_i'$ den Vektor ausmachen, und zwar unabhängig vom jeweiligen Anfangspunkt P_i.

Das ist Veranlassung genug, für unseren Anschauungsraum den in Definition 1.1 festgeschriebenen Vektorbegriff zu ergänzen:

Definition 1.5

Im $\mathbb{R}^3$ sei eine Verschiebung markiert durch ein Punktepaar mit

    Anfangspunkt $P_1 (x_1/y_1/z_1)$ und *Endpunkt* $P_2 (x_2/y_2/z_2)$.

Dann versteht man unter einem Vektor $\vec{v} \ni \overrightarrow{P_1 P_2}$ [1]) die Gesamtheit aller gerichteten Strecken, deren Punktepaare hinsichtlich ihrer

    Koordinatendifferenzen $(x_2 - x_1, y_2 - y_1, z_2 - z_1)$

der Reihe nach übereinstimmen.

Man schreibt $\quad \vec{v} = \begin{pmatrix} v_x \\ v_y \\ v_z \end{pmatrix} = \begin{pmatrix} x_2 - x_1 \\ y_2 - y_1 \\ z_2 - z_1 \end{pmatrix} \quad$ (Spaltenschreibweise)

und bezeichnet die Koordinatendifferenzen als *skalare Komponenten* [2]) oder Koordinaten des Vektors $\vec{v}$.

Bild 1.10 Veranschaulicht die Ausführungen.

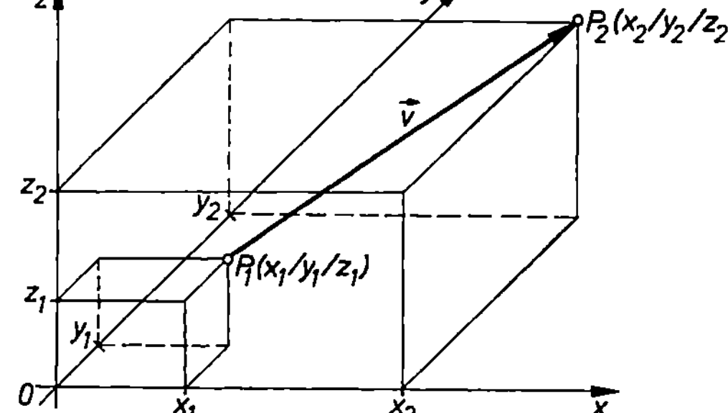

Bild 1.10 $\quad \vec{v} = \begin{pmatrix} x_2 - x_1 \\ y_2 - y_1 \\ z_2 - z_1 \end{pmatrix}$

---

[1]) heißt: $\vec{v}$ enthält den Pfeil $\overrightarrow{P_1 P_2}$, der somit Repräsentant von $\vec{v}$ ist.
[2]) heißt: Bestandteile

Spalten- und Zeilenvektor

Den in Spaltenschreibweise angegebenen Vektor nennt man auch *Spaltenvektor*.

Entsprechend redet man von einem *Zeilenvektor*, wenn die Koordinatenschreibweise in dieser Form geschieht:

$$\vec{v} = (v_x, v_y, v_z),$$

auch Zeilenschreibweise genannt.

Sonderfall: **Vektoren im $\mathbb{R}^2$** (x, y-Ebene)

Zeile $z_2 - z_1$ streichen, also

$$\vec{v} = \begin{pmatrix} x_2 - x_1 \\ y_2 - y_1 \end{pmatrix} \text{ (siehe } \textit{Beispiel 1}, \text{ Verschiebung der Normalparabel).}$$

Entsprechendes gilt für alle nachfolgenden, sich auf den Anschauungsraum beziehenden Ausführungen.

Ortsvektoren

Wird die Verschiebung repräsentiert durch ein Punktepaar mit

Anfangspunkt $O\,(0/0/0)$ und Endpunkt $P(x_P/y_P/z_P)$,

heißt dieser *Ortspfeil* (Bild 1.11) üblicherweise *Ortsvektor*.

Die Koordinatendifferenzen beziehen sich auf den Ursprung O des 3-dimensionalen Koordinatensystems. Somit entsprechen die skalaren Komponenten des Ortsvektors

$$\vec{r} = \overrightarrow{OP} = \begin{pmatrix} x_P \\ y_P \\ z_P \end{pmatrix}$$

den Koordinaten des Punktes $P\,(x_P/y_P/z_P)$ im $\mathbb{R}^3$.

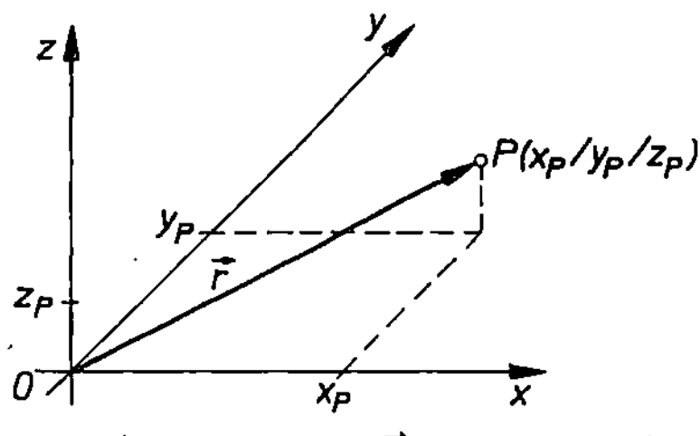

Bild 1.11 Ortsvektor $\vec{r} = (x_P, y_P, z_P)$

Anders formuliert:

Ortsvektoren legen umgekehrt eindeutig Punkte im Raum fest.

Abschließend zur Schreibweise noch soviel:

Ortsvektoren $\vec{r_1}, \vec{r_2}, \vec{r_3}, \ldots$ markieren die Punkte $P_1, P_2, P_3, \ldots$;
Ortsvektoren $\vec{r_A}, \vec{r_B}, \vec{r_C}, \ldots$ führen zu Eckpunkten $A, B, C, \ldots$.

Nullvektor

Er läßt sich in Koordinatenschreibweise wie folgt angeben:

$$\text{im } \mathbb{R}^2\colon \ \vec{0} = \begin{pmatrix} 0 \\ 0 \end{pmatrix}; \qquad\qquad \text{im } \mathbb{R}^3\colon \ \vec{0} = \begin{pmatrix} 0 \\ 0 \\ 0 \end{pmatrix}.$$

Ausblick: Über den sich in Bild 1.10 abzeichnenden Zusammenhang zwischen den Ortsvektoren $\overrightarrow{OP_1}$, $\overrightarrow{OP_2}$ einerseits und $\overrightarrow{P_1P_2}$ als dem Repräsentanten von $\vec{v}$ andererseits bedarf es später ($\rightarrow$ Subtraktion von Vektoren) weiterer Ausführungen.

Betrag des Vektors

Es fällt auf, daß Definition 1.5 keine Angabe über den Betrag des Vektors enthält. Das ist auch nicht erforderlich; denn durch $\overrightarrow{P_1P_2}$ ergibt sich die Länge infolge zweimaliger Anwendung des *Pythagoras*[1]).

Satz 1.1

Es seien $P_1\,(x_1/y_1/z_1)$ und $P_2\,(x_2/y_2/z_2)$ zwei Punkte im $\mathbb{R}^3$, ferner $\overrightarrow{P_1P_2}$ Repräsentant des Vektors $\vec{v}$.
Dann gilt für seinen Betrag

$$v = |\vec{v}| = |\overrightarrow{P_1P_2}| = \sqrt{(x_2 - x_1)^2 + (y_2 - y_1)^2 + (z_2 - z_1)^2}.$$

Für den konkreten Fall (Beispiel 2, Formstück) resultiert

$$v = |\vec{v}| = \sqrt{5^2 + (-3)^2 + (-1)^2} = \sqrt{35}\,LE.$$

1. Sonderfall: $\mathbb{R}^2$**-Ebene**

Im $\mathbb{R}^2$ gilt unter Fortfall der z-Koordinatendifferenz

$$v = |\vec{v}| = |\overrightarrow{P_1P_2}| = \sqrt{(x_2 - x_1)^2 + (y_2 - y_1)^2}.$$

Für obiges *Beispiel 1* (Verschiebung einer Parabel) folgt demnach

$$v = |\vec{v}| = \sqrt{5^2 + 2^2} = \sqrt{29}\,LE.$$

2. Sonderfall: **Die Zahlengerade** $\mathbb{R}$

Unter zusätzlichem Fortfall der y-Koordinatendifferenz folgt

$$v = |\vec{v}| = |\overrightarrow{P_1P_2}| = \sqrt{(x_2 - x_1)^2} \quad \text{oder} \quad v = |x_2 - x_1|.$$

Gleichheit von Vektoren

Aus den Definitionen 1.2 und 1.5 erschließt sich nunmehr für die in Koordinatenschreibweise angegebenen Vektoren des $\mathbb{R}^3$ die *Gleichheit* wie folgt:

Satz 1.2

Zwei Vektoren $\vec{a}$ und $\vec{b}$ sind gleich, wenn sie in ihren skalaren Komponenten übereinstimmen:

$$\begin{pmatrix} a_x \\ a_y \\ a_z \end{pmatrix} = \begin{pmatrix} b_x \\ b_y \\ b_z \end{pmatrix} \Leftrightarrow \begin{cases} a_x = b_x \\ a_y = b_y \\ a_z = b_z \end{cases}.$$

---

[1]) Es ist nichts anderes, als die *Raumdiagonale* eines Quaders zu bestimmen.

● *Aufgaben*

1.1   Nehmen Sie eine Unterscheidung vor in *skalare* (= richtungslose) und *vektorielle* Größen:
Leistung, Geschwindigkeit, Druck, elektrische Stromstärke, Zugspannung, Drehmoment, Volumen, Dichte, elektrischer Widerstand, Reibung.

1.2   Für den in Bild 1.12 dargestellten Keil soll gelten

$$a = |\vec{a}| = |\overrightarrow{AB}|, \qquad b = |\vec{b}| = |\overrightarrow{BC}|,$$
$$c = |\vec{c}| = |\overrightarrow{CG}|, \qquad d = |\vec{d}| = |\overrightarrow{AE}|.$$

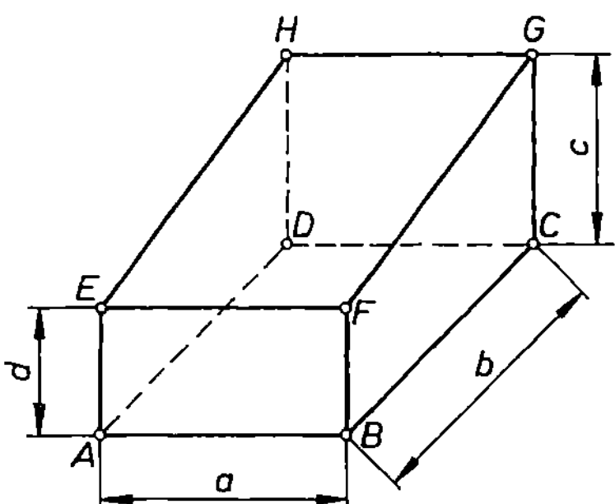
Bild 1.12

   a) Geben Sie anhand der vorgegebenen Punkte A, $B, ..., G$, H alle weiteren Repräsentanten der Vektoren $\vec{a}$, $\vec{b}$, $\vec{c}$ und $\vec{d}$ an.

   b) Welche Beziehung besteht zwischen $\vec{a}$ und $\overrightarrow{CD}$?

   c) Wie heißt der Gegenvektor zu $\overrightarrow{BG}$, dessen Anfangspunkt nicht G ist?

   d) Geben Sie drei verschiedene, zu $\vec{c}$ *kollineare* Vektoren an.

   e) Welche Eigenschaft verbindet $\overrightarrow{BC}$ mit $\overrightarrow{FG}$ bzw. $\overrightarrow{AC}$ mit $\overrightarrow{EG}$?

   f) Welche gerichtete Strecke ist *komplanar* zu $\vec{a}$ und $\overrightarrow{BG}$?
Markieren Sie die aufgespannte Fläche.

   g) Geben Sie unter Verwendung der Skalare a, b, c und d die Beträge von $\overrightarrow{BD}$, $\overrightarrow{BH}$, $\overrightarrow{DF}$ und $\overrightarrow{EG}$ an!

1.3   Welche Äquivalenz resultiert aus $|\vec{a}| = 0$ bzw. $|\vec{b}| = 1$?

1.4   Durch die Ortsvektoren $\vec{r_1} = \begin{pmatrix} -3 \\ 1 \end{pmatrix}$ und $\vec{r_2} = \begin{pmatrix} 2 \\ 3 \end{pmatrix}$ seien die Punkte P_1 und P_2 in der $\mathbb{R}^2$-Ebene festgelegt. Welchen Spaltenvektor repräsentiert $\overrightarrow{P_1 P_2}$?

1.5   Die Verschiebung der Normalparabel $P: y = x^2$ aus dem Ursprung heraus liefert für verschiedene Parabeln folgende Scheitelgleichungen:

   (1) $f_1(x) = (x - 2)^2 + 1$;   (2) $f_2(x) = (x - 1)^2 - 3$;
   (3) $f_3(x) = (x + 1)^2 + 3$;   (4) $f_4(x) = (x + 3)^2 - 1$.

   a) Geben Sie die jeweilige Charakteristik der Verschiebung $\vec{v}$ durch Spaltenschreibweise des Vektors an. Errechnen Sie seinen Betrag.

   b) Zeichnen Sie die Graphen in ein gemeinsames Koordinatensystem.

   c) Formulieren Sie die allgemeine Gesetzmäßigkeit.

1.6   Gegeben sei die Parabel P mit der Scheitelgleichung $f(x) = -\frac{1}{4}(x - 2)^2 + 1$.

   a) Wie lautet die Scheitelgleichung der Parabel P', die aus P durch Verschiebung mit $\vec{v} = \begin{pmatrix} 3 \\ 4 \end{pmatrix}$ hervorgegangen ist?

   b) Geben Sie $|\vec{v}|$ in LE (= Längeneinheiten) an.

   c) Zeichnen Sie die Parabeln P und P' qualitativ. Ermitteln Sie dazu auch jeweils die Schnittpunkte mit den Koordinatenachsen.

1.7   a) Geben Sie für den in Bild 1.9 dargestellten Parabelbogen $P_1 P_8$ (Achtung: y, z-Ebene) die Funktionsgleichung an.

   b) Ebenso für Parabelbogen $P_1' P_8'$, bezogen auf die y, z-Ebene.

1.8 Ein Portalroboter fährt in einer Arbeitsebene E_1 folgende Positionen (Angabe in dm) an:

$P_1(1/3/5)$, $P_2(5/4/3)$ und $P_3(3/6/4)$;

in einer zweiten Arbeitsebene E_2 sind es die Positionen

$R_1(3/6/6)$, $R_2(7/7/4)$ und $R_3(5/9/5)$.

a) Durch welchen Vektor $\vec{v}$ läßt sich die Punktsteuerung von E_1 zu E_2 angeben. – Was schließen Sie daraus über die geometrische Lagebeziehung der beiden Ebenen zueinander?

b) Welchem Weg in *mm* entspricht die Punktsteuerung von P_1 zu R_1?

c) Wie heißt der zu $\vec{v}$ *inverse* Zeilenvektor?

1.9 Prüfen Sie rechnerisch, welche der nachfolgenden Vektoren *Einheitsvektoren* sind:

a) $\begin{pmatrix} 1 \\ 0 \end{pmatrix}$;   b) $\begin{pmatrix} 1 \\ -1 \end{pmatrix}$;   c) $\begin{pmatrix} \frac{1}{2}\sqrt{2} \\ \frac{1}{2}\sqrt{2} \end{pmatrix}$;   d) $\begin{pmatrix} \frac{1}{2}\sqrt{3} \\ \frac{1}{4}\sqrt{6} \end{pmatrix}$;   e) $\begin{pmatrix} \frac{2}{5}\sqrt{5} \\ -\dfrac{1}{\sqrt{5}} \end{pmatrix}$;

f) $\left(\frac{1}{3}\cdot\sqrt{3}, \dfrac{1}{\sqrt{3}}, -\frac{1}{3}\cdot\sqrt{3} \right)$;   g) $(0, 1, 0)$;   .   h) $\left(\frac{1}{5}\cdot\sqrt{5}, 0, \dfrac{2}{\sqrt{5}} \right)$.

1.10 Für die folgenden Vektoren $\vec{v}$ gelte $|\vec{v}| = 3$.

Bestimmen Sie jeweils die als Variable angegebene skalare Komponente aus $\mathbb{R}_0^+$:

a) $\begin{pmatrix} 1 \\ 2 \\ z \end{pmatrix}$;   b) $\begin{pmatrix} x \\ \sqrt{5} \\ 2 \end{pmatrix}$;   c) $\begin{pmatrix} -2\sqrt{2} \\ y \\ 0 \end{pmatrix}$;   d) $\begin{pmatrix} -\sqrt{3} \\ -\sqrt{2} \\ z \end{pmatrix}$;   e) $\begin{pmatrix} x \\ 1{,}5\sqrt{2} \\ 1{,}5 \end{pmatrix}$.

1.11 Bestimmen Sie die Variablen a und b sowie ggf. c, und geben Sie die skalaren Komponenten des jeweiligen Vektors an, wenn gilt:

a) $\begin{pmatrix} 2a \\ b \end{pmatrix} = \begin{pmatrix} b+1 \\ a+1 \end{pmatrix}$;   b) $\begin{pmatrix} 3a+2 \\ -3b \end{pmatrix} = \begin{pmatrix} 2b-3 \\ 2a-1 \end{pmatrix}$;   c) $\begin{pmatrix} a^2-1 \\ -4b \end{pmatrix} = \begin{pmatrix} 2b+5 \\ 2a \end{pmatrix}$;

d) $\begin{pmatrix} a+2 \\ b \\ 2c \end{pmatrix} = \begin{pmatrix} c-b \\ a-c \\ a+3 \end{pmatrix}$;   e) $\begin{pmatrix} 2a \\ b+2 \\ c \end{pmatrix} = \begin{pmatrix} b+3 \\ a-c \\ 3b-2a \end{pmatrix}$;   f) $\begin{pmatrix} a^2-4 \\ b-2 \\ c+3 \end{pmatrix} = \begin{pmatrix} b^2+1 \\ c+2 \\ a-2 \end{pmatrix}$.

1.2 Elementare Rechenoperationen

1.2.1 Vektoraddition und -subtraktion

Vektoraddition

Klassisches Beispiel aus der Mechanik: das *Kräfteparallelogramm.*

Zwei an einem Massepunkt m angreifende Kräfte $\vec{F}_1$ und $\vec{F}_2$ (Bild 1.13) erzeugen eine Resultierende, die die gleiche physikalische Wirkung erzielt wie die beiden Einzelkräfte, also

$$\vec{F}_R = \vec{F}_1 + \vec{F}_2.$$

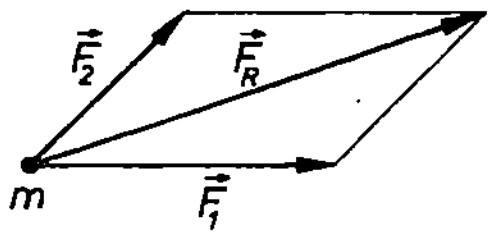

Bild 1.13
Resultierende $\vec{F}_R = \vec{F}_1 + \vec{F}_2$

Ihre zeichnerische Ermittlung erfolgt gemäß *Parallelogrammregel*:

Das von den beiden Kraftvektoren aufgespannte Parallelogramm wird durch Parallelverschiebung konstruiert; die Diagonale liefert die resultierende Kraft $\vec{F}_R$.

Auf der Basis des mathematischen Vektorbegriffes (frei bewegliche Repräsentanten!) kann der eben beschriebene Vorgang der Vektoraddition allgemeiner wie folgt definiert werden:

Definition 1.6

Unter der Addition zweier Vektoren $\vec{a}$ und $\vec{b}$ versteht man die Vorschrift, ihre Repräsentanten unter Beibehaltung von

   Betrag, Richtung und Orientierung

aneinanderzufügen.

Die gerichtete Strecke vom Anfangspunkt des Vektors $\vec{a}$ zum Endpunkt des angefügten Vektors $\vec{b}$ repräsentiert den

   Summenvektor $\vec{s} = \vec{a} + \vec{b}$.

Man beachte: Die Definition verlangt keinen gemeinsamen Angriffspunkt und bedarf *nicht* der Konstruktion des Parallelogramms.

Geometrische Konstruktion des Summenvektors

Die grundsätzliche Vorgehensweise[1]) offenbart sich gemäß Bild 1.14.

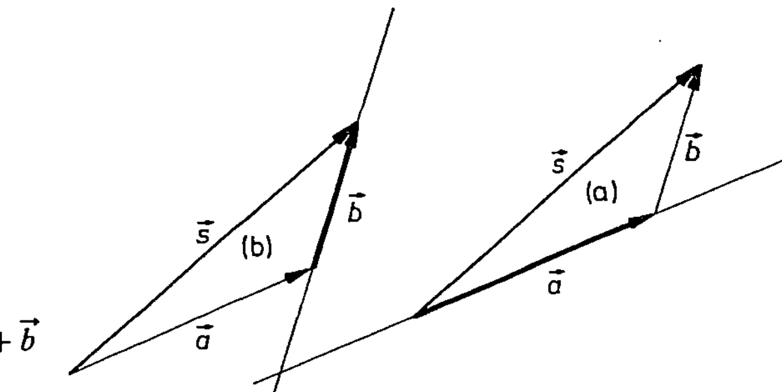

Bild 1.14
Vektoraddition: $\vec{s} = \vec{a} + \vec{b}$

Variante (a): Der *Summenvektor* $\vec{s} = \vec{a} + \vec{b}$ resultiert, indem

1. Vektor $\vec{b}$ parallel so verschoben wird, daß er mit seinem Anfangspunkt im Endpunkt von $\vec{a}$ angreift;

2. die gerichtete Strecke vom Anfangspunkt des Vektors $\vec{a}$ zum Endpunkt des parallel verschobenen Vektors $\vec{b}$ gezeichnet wird.

Variante (b): Den *Summenvektor* $\vec{s}$ zu konstruieren heißt,

– zunächst Vektor $\vec{a}$ parallel so zu verschieben, daß er mit seinem Anfangspunkt im Endpunkt von $\vec{b}$ auftrifft und

---

[1]) Bei der Beschreibung der Vorgehensweise wird zwecks besseren Verstehens bewußt darauf verzichtet, von Repräsentanten der Vektoren zu reden.

– anschließend den Pfeil vom Anfangspunkt des parallel verschobenen Vektors $\vec{a}$ zum Endpunkt des Vektors $\vec{b}$ zu zeichnen.

Daß diese gerichtete Strecke nicht deckungsgleich zu der gemäß Variante (a) gezeichneten ist, bleibt letztendlich unerheblich:

Beide Pfeile sind Repräsentanten des gleichen Summenvektors $\vec{s}$.

Eine weitere Variante (Übung!) besteht darin, $\vec{a}$ und $\vec{b}$ in ihren gemeinsamen Anfangspunkt zu verschieben und wie bei der Addition von Kräften die Parallelogrammregel anzuwenden. Die Resultierende repräsentiert wiederum den *Summenvektor* $\vec{s}$.

Diese Vorgehensweise veranschaulicht in besonderem Maße, daß es unerheblich ist, ob $\vec{a}$ und $\vec{b}$ oder $\vec{b}$ zu $\vec{a}$ addiert wird:

> *Die Vektoraddition ist kommutativ.*

Der nochmalige Blick auf Bild 1.13 (Kräfteparallelogramm) bestätigt die Gesetzmäßigkeit.

Addition von drei Vektoren

Greifen drei (oder mehr) Kräfte an einem Massepunkt m an, läßt sich die die Einzelkräfte ersetzende Resultierende durch zwei- (oder mehr-)malige Anwendung der *Parallelogrammregel* konstruieren.

Einfacher geht es in Anlehnung an Definition 1.6.

Bild 1.15 zeigt die Vorgehensweise.

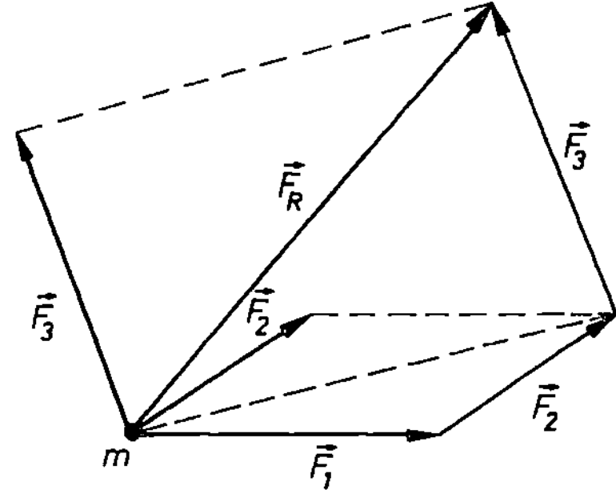

Bild 1.15
Addition dreier Vektoren

Die gestrichelt eingezeichneten Parallelogramme wären hierbei nicht erforderlich gewesen. Sie sollen Hinweis darauf sein, daß beide Verfahren gleichwertig sind.

Die Ausführungen lassen sich übertragen auf die Addition beliebiger Vektoren $\vec{a}$, $\vec{b}$ und $\vec{c}$.

Dabei bedarf eine Gesetzmäßigkeit der besonderen Erwähnung:

> *Die Vektoraddition ist assoziativ.*

Die Gültigkeit zeigt Bild 1.16.

$$\vec{s} = \vec{a} + \vec{b} + \vec{c} \qquad (= \overrightarrow{P_1P_2} + \overrightarrow{P_2P_3} + \overrightarrow{P_3P_4});$$
$$\vec{s} = (\vec{a} + \vec{b}) + \vec{c} \qquad (= \overrightarrow{P_1P_3} + \overrightarrow{P_3P_4});$$
$$\vec{s} = \vec{a} + (\vec{b} + \vec{c}) \qquad (= \overrightarrow{P_1P_2} + \overrightarrow{P_2P_4}).$$

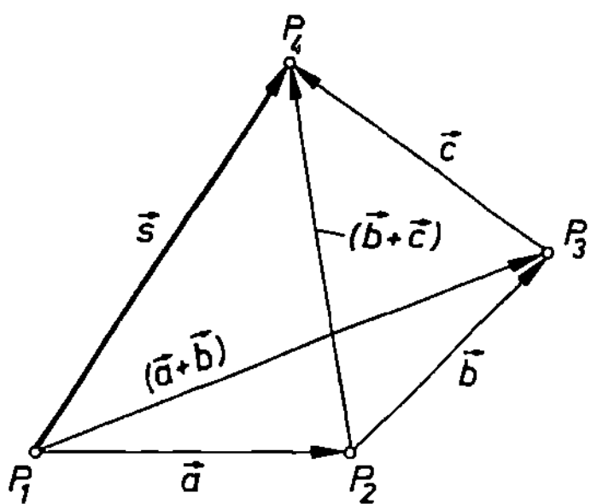

Bild 1.16
Die Vektoraddition ist assoziativ

Vektorsubtraktion

Wie beim Rechnen mit Zahlen wird die Subtraktion von Vektoren als Umkehrung der Vektoraddition verstanden. Zur Definition ist der in Abschnitt 1.1.2 (Bild 1.4) vorgestellte Begriff des Gegenvektors erforderlich.

Definition 1.7

Es seien $\vec{a}$ und $\vec{b}$ zwei Vektoren. Dann versteht man unter dem

$$\textit{Differenzvektor } \vec{d} = \vec{a} - \vec{b} = \vec{a} + (-\vec{b})$$

die Addition des Vektors $\vec{a}$ mit dem zu $\vec{b}$ *inversen* Vektor.

Geometrische Konstruktion des Differenzvektors

Den Differenzvektor $\vec{d} = \vec{a} - \vec{b}$ gemäß Bild 1.17 zu konstruieren, bedeutet

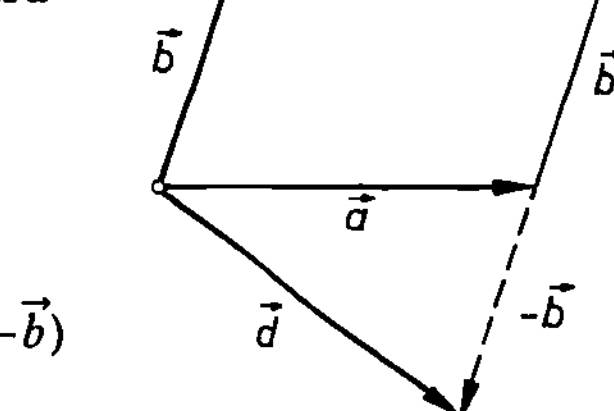

Bild 1.17
Differenzvektor $\vec{d} = \vec{a} - \vec{b} = \vec{a} + (-\vec{b})$

1. Vektor $\vec{b}$ parallel so zu verschieben, daß er mit seinem Anfangspunkt im Endpunkt von $\vec{a}$ angreift;

2. zu *diesem* parallel verschobenen Vektor $\vec{b}$ seinen Gegenvektor $-\vec{b}$ einzutragen und

3. die gerichtete Strecke vom Anfangspunkt des Vektors $\vec{a}$ zum Endpunkt des zu $\vec{b}$ inversen Vektors $-\vec{b}$ zu zeichnen.

Das kürzere Verfahren besteht darin, die Parallelverschiebung gleich so vorzunehmen, daß Vektor $\vec{b}$ unter Änderung seiner Orientierung im Endpunkt von $\vec{a}$ eingezeichnet wird. – Weiteres Vorgehen erfolgt dann gemäß Position 3.

Die Gegenüberstellung der Konstruktion von Summenvektor und Differenzvektor erfolgt in den Bildern 1.18 und 1.19 (Parallelogrammregel).

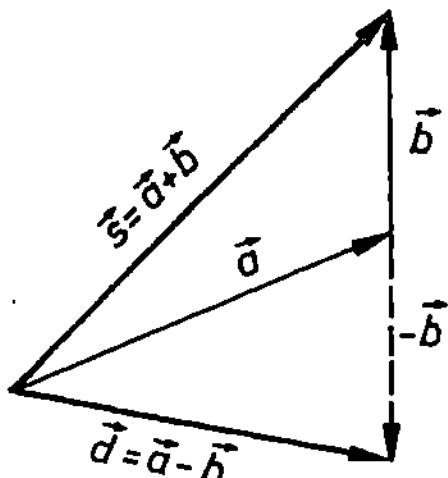

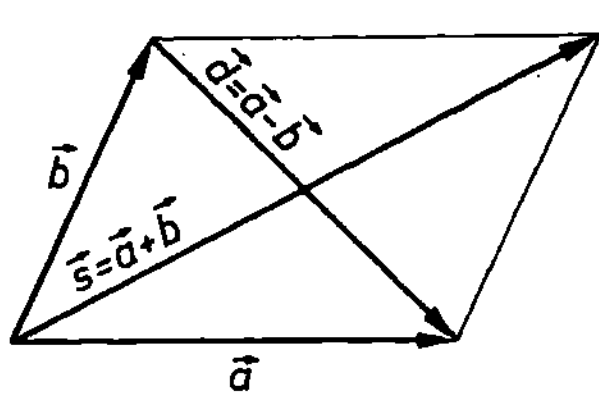

Bild 1.18 Summenvektor $\vec{s}$ und Differenzvektor $\vec{d}$

Bild 1.19 Parallelogrammregel

Sonderfall: **Addition und Subtraktion kollinearer Vektoren**

Die bisherigen Ausführungen gelten entsprechend; der geometrische Sachverhalt vereinfacht sich. Die Entwicklung zeigt Bild 1.20.

a) *gleiche Orientierung* $(\uparrow\uparrow)$[1]

über $\quad \vec{s}_1 = \vec{a} + \vec{b}_1$ und

$\qquad \vec{s}_2 = \vec{a} + \vec{b}_2$

ergibt sich der Sonderfall

$\qquad \vec{s} \;\; = \vec{a} + \vec{b}.$

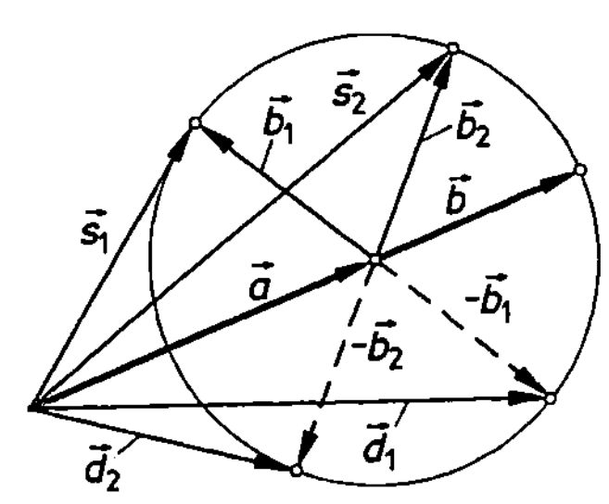

b) *entgegengesetzte Orientierung* $(\uparrow\downarrow)$[2]

über $\quad \vec{d}_1 = \vec{a} - \vec{b}_1$ und

$\qquad \vec{d}_2 = \vec{a} - \vec{b}_2$

ergibt sich der Sonderfall

$\qquad \vec{d} \;\; = \vec{a} - \vec{b}.$

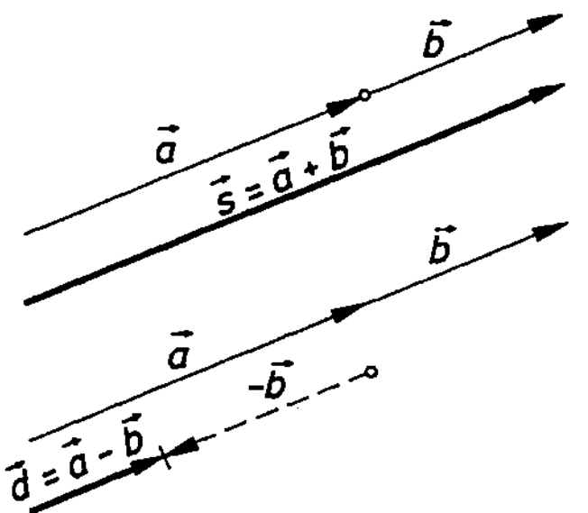

Bild 1.20
Sonderfälle: Addition und Subtraktion kollinearer
Vektoren

Vektor und Gegenvektor

Noch spezieller wird es, wenn Vektor und Gegenvektor addiert werden; es resultiert der *Nullvektor*:

$$\vec{v} + (-\vec{v}) = \vec{0}.\;[3]$$

---

[1] z.B. Radfahren bei Rückenwind
[2] z.B. Radfahren bei Gegenwind
[3] z.B. Jogging auf einem Laufband

Gesetzmäßigkeiten der Vektoraddition

Sie lassen sich wie folgt zusammenfassen:

> **1.** Die Vektoraddition ist *abgeschlossen*:
>
> Die Addition zweier Vektoren ergibt wieder einen Vektor.
>
> **2.** Es gibt ein *neutrales* Element der Addition, den *Nullvektor*:
> $$\vec{a} + \vec{0} = \vec{a}.$$
>
> **3.** Zu jedem Vektor $\vec{a}$ existiert ein *inverses* Element, der Gegenvektor $-\vec{a}$:
> $$\vec{a} + (-\vec{a}) = \vec{0}.$$
>
> **4.** Es gilt das *Assoziativgesetz* (Verbindungsgesetz):
> $$\vec{a} + (\vec{b} + \vec{c}) = (\vec{a} + \vec{b}) + \vec{c} = \vec{a} + \vec{b} + \vec{c}.$$
>
> **5.** Es gilt das *Kommutativgesetz* (Vertauschungsgesetz):
> $$\vec{a} + \vec{b} = \vec{b} + \vec{a}.$$

Bemerkenswert ist, daß diese Gesetzmäßigkeiten übereinstimmen mit denen der Addition (und Subtraktion) reeller Zahlen.

Anders formuliert:

> *Vektorgleichungen* lassen sich mit den bekannten zahlenalgebraischen Methoden äquivalent umformen.

Beispiel: $\vec{d} = \vec{a} - \vec{b} \Leftrightarrow \vec{a} = \vec{b} + \vec{d}.$[1]

Vektorketten

Zur Hinführung sei nochmals an das Eingangsbeispiel, die Einwirkung zweier Kräfte auf ein Masseteil, erinnert.

Für die resultierende Kraft gilt $\qquad \vec{F}_R = \vec{F}_1 + \vec{F}_2;$

die Äquivalenzumformung führt auf $\qquad \vec{0} = \vec{F}_1 + \vec{F}_2 - \vec{F}_R$ oder

$$\vec{0} = (\vec{F}_1 + \vec{F}_2) + (-\vec{F}_R).$$

Der Sachverhalt ist physikalisch begründbar:

Wirkt auf $\vec{F}_R = \vec{F}_1 + \vec{F}_2$ eine entgegengerichtete Kraft $\vec{F} = -\vec{F}_R$ ein, befindet sich das System im Gleichgewicht; der Körper bewegt sich *nicht*. – Die das *Krafteck* markierenden Vektoren haben alle den gleichen Umlaufsinn (Bild 1.21)

Die Erkenntnisse lassen sich verallgemeinernd auf mehrgliedrige Summen von Vektoren – *Vektorketten* genannt – übertragen.

---

[1] Korrekterweise müßte gezeigt werden, daß es eindeutig nur einen Vektor $\vec{d}$ gibt, der der Bedingung $\vec{a} = \vec{b} + \vec{d}$ genügt, was in diesem Rahmen jedoch nicht geschehen soll.

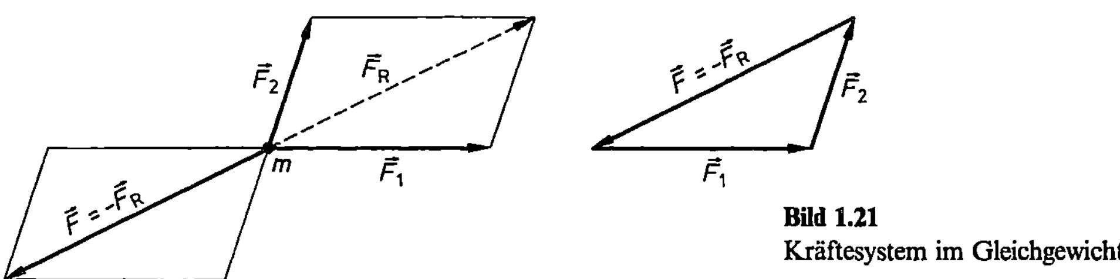

Bild 1.21
Kräftesystem im Gleichgewicht

Für den gemäß Bild 1.22 zu ermittelnden letzten Vektor $\vec{x}$[1]) einer solchen Vektorkette gilt je nach festgelegtem Umlaufsinn in der

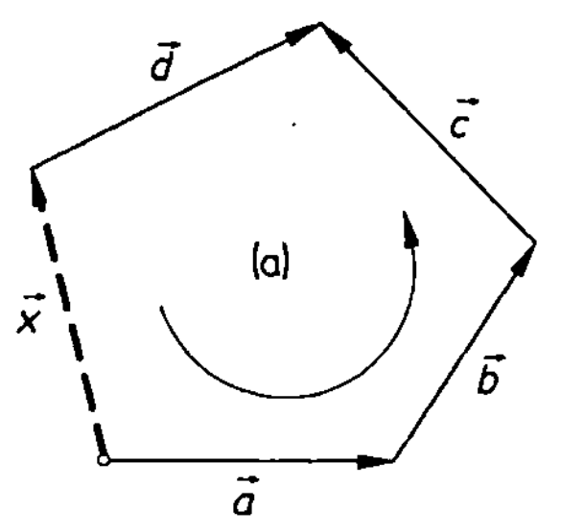 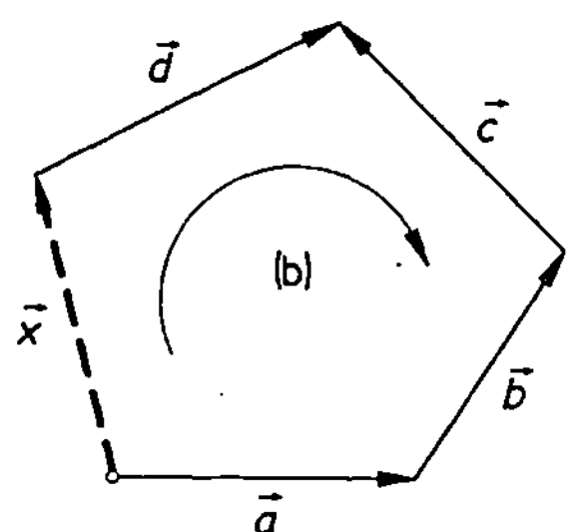

Bild 1.22
Vektorketten mit unterschied-
lichem Umlaufsinn

Variante (a):

$$\vec{0} = \vec{a} + \vec{b} + \vec{c} + (-\vec{d}) + (-\vec{x}),$$
$$\vec{0} = \vec{a} + \vec{b} + \vec{c} - \vec{d} - \vec{x},$$
$$\vec{x} = \vec{a} + \vec{b} + \vec{c} - \vec{d};$$

Variante (b):

$$\vec{0} = \vec{x} + \vec{d} + (-\vec{c}) + (-\vec{b}) + (-\vec{a}),$$
$$\vec{0} = \vec{x} + \vec{d} - \vec{c} - \vec{b} - \vec{a},$$
$$\vec{x} = \vec{a} + \vec{b} + \vec{c} - \vec{d}.$$

Sinnvolle Vorgehensweise:

1. Umlaufsinn festlegen (links- oder rechtsdrehend);

2. Vektoren, die zu dem willkürlich gewählten Umlaufsinn

   – *gleichsinnig* orientiert sind, *positiv* $(+)$
   – *gegensinnig* orientiert sind, *negativ* $(-)$ } aufsummieren.

   Die Summe ist der Nullvektor $\vec{0}$.

3. Vektorgleichung unter üblicher Beachtung der Algebraregeln umstellen nach $\vec{x}$.

Hilfreich ist folgende (ergänzende) Merkregel:

> *Gesuchter Vektor $\vec{x}$ = Vektoren zur Spitze – Vektoren zum Fuß.*

Für das in Bild 1.23 dargestellte Beispiel[2]) heißt es somit

$$\vec{x} = \vec{a} - \vec{b} + \vec{c} - \vec{d} + \vec{e}.$$

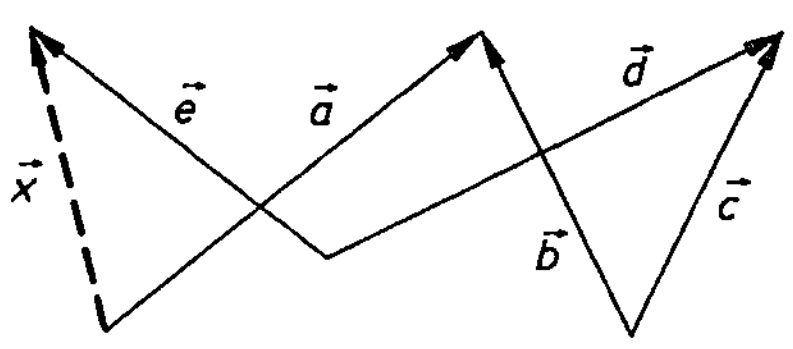

Bild 1.23
Schlußvektor $\vec{x} = \vec{a} - \vec{b} + \vec{c} - \vec{d} + \vec{e}$

---

[1]) auch *Schlußvektor* genannt
[2]) Daß sich hier die Pfeile z.T. überkreuzen, ist unerheblich.

Man hätte auch an anderer Stelle „einsteigen" können, dafür zwei Varianten:

a) $\vec{c} = \vec{b} - \vec{a} + \vec{x} + \vec{e} + \vec{d}$,   b) $\vec{d} = \vec{e} - \vec{x} + \vec{a} - \vec{b} + \vec{c}$.

Die äquivalente Umformung führt in beiden Fällen wiederum auf

$$\vec{x} = \vec{a} - \vec{b} + \vec{c} - \vec{d} + \vec{e}.$$

Vektoraddition und -subtraktion im Anschauungsraum

Die bisherigen Ausführungen lassen sich elegant übertragen auf in Koordinatenschreibweise angegebene Vektoren. Die geometrische Darstellung von Summen- und Differenzvektoren rückt in den Hintergrund, der algebraische Aspekt gewinnt an Bedeutung.

Definition 1.8

Es seien $\vec{a} = \begin{pmatrix} a_x \\ a_y \\ a_z \end{pmatrix}$ und $\vec{b} = \begin{pmatrix} b_x \\ b_y \\ b_z \end{pmatrix}$ zwei Vektoren im $\mathbb{R}^3$.

Dann ist der *Summenvektor* $\vec{s} = \vec{a} + \vec{b}$ erklärt durch die Addition der skalaren Komponenten von $\vec{a}$ und $\vec{b}$:

$$\vec{s} = \begin{pmatrix} a_x \\ a_y \\ a_z \end{pmatrix} + \begin{pmatrix} b_x \\ b_y \\ b_z \end{pmatrix} = \begin{pmatrix} a_x + b_x \\ a_y + b_y \\ a_z + b_z \end{pmatrix}.$$

Entsprechend gilt für den *Differenzvektor* $\vec{d} = \vec{a} - \vec{b}$

$$\vec{d} = \begin{pmatrix} a_x \\ a_y \\ a_z \end{pmatrix} - \begin{pmatrix} b_x \\ b_y \\ b_z \end{pmatrix} = \begin{pmatrix} a_x - b_x \\ a_y - b_y \\ a_z - b_z \end{pmatrix}.$$

Die Definition bedarf bezüglich der Subtraktion einer Ergänzung.

Zur Erinnerung: Gemäß Definition 1.5 ist eine Verschiebung in $\mathbb{R}^3$ eindeutig markiert durch ein Punktepaar mit $P_1(x_1/y_1/z_1)$ und $P_2(x_2/y_2/z_2)$:

$$\vec{v} = \begin{pmatrix} v_x \\ v_y \\ v_z \end{pmatrix} = \begin{pmatrix} x_2 - x_1 \\ y_2 - y_1 \\ z_2 - z_1 \end{pmatrix}.$$

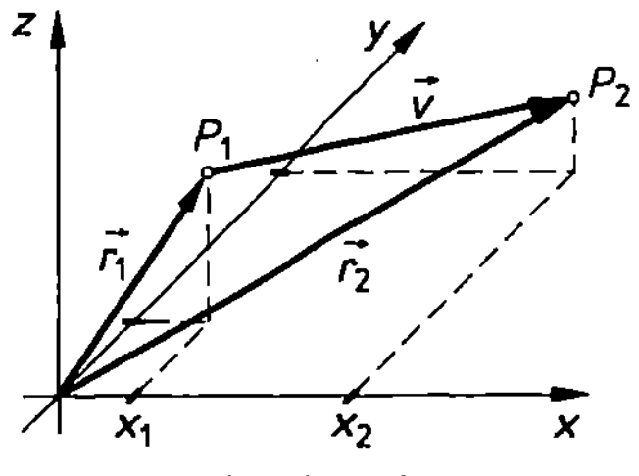

Bild 1.24 $\vec{v} = \vec{r}_2 - \vec{r}_1$

Jetzt erfährt diese Festlegung in Anlehnung an Bild 1.24 eine Erweiterung:

$\vec{v}$ erklärt sich als Differenzvektor der Ortsvektoren $\vec{r}_1$ und $\vec{r}_2$, also

$$\vec{v} = \vec{r}_2 - \vec{r}_1.$$

Daß die Regel

Gesuchter Vektor = Vektor zur Spitze − Vektor zum Fuß

Bestätigung findet, sei zusätzlich erwähnt.

Abschließend bleibt festzuhalten, daß sich die Aussagen über Addition und Subtraktion von in Koordinatenschreibweise angegebenen Vektoren ohne Einschränkung auf *Vektorketten* übertragen lassen.

▶ *Beispiel*

Gegeben seien die Vektoren $\vec{a} = \begin{pmatrix} 3 \\ 2 \\ 5 \end{pmatrix}$, $\vec{b} = \begin{pmatrix} 2 \\ 1 \\ -2 \end{pmatrix}$ und $\vec{c} = \begin{pmatrix} 4 \\ -2 \\ 1 \end{pmatrix}$.

In welche Punkte wird die durch $P\,(0/1/0)$, $Q\,(7/4/3)$ und $R\,(2/3/7)$ aufgespannte Ebene verschoben, wenn dies mit $\vec{v} = \vec{a} + \vec{b} - \vec{c}$ erfolgt?

Lösung

Die Verschiebung ergibt sich durch Addition bzw. Subtraktion der skalaren Komponenten von $\vec{a}$, $\vec{b}$ und $\vec{c}$:

$$\vec{v} = \begin{pmatrix} 3 + 2 - 4 \\ 2 + 1 - (-2) \\ 5 + (-2) - 1 \end{pmatrix} = \begin{pmatrix} 1 \\ 5 \\ 2 \end{pmatrix}. \text{ Somit geht } \begin{cases} P\,(0/1/0) \text{ über in } P'\,(2/6/2), \\ Q\,(7/4/3) \text{ über in } Q'\,(8/9/5), \\ R\,(2/3/7) \text{ über in } R'\,(3/8/9). \end{cases}$$

● *Aufgaben*

1.12   Für die in Bild 1.25 dargestellten Repräsentanten von $\vec{a}$ und $\vec{b}$ gilt:

$|\vec{a}| = 4\,\text{cm}$, $\alpha = 20°$;

$|\vec{b}| = 5\,\text{cm}$, $\beta = 60'$.

a) Konstruieren   Sie $\vec{s} = \vec{a} + \vec{b}$, $\vec{d}_1 = \vec{a} - \vec{b}$ und $\vec{d}_2 = \vec{b} - \vec{a}$.

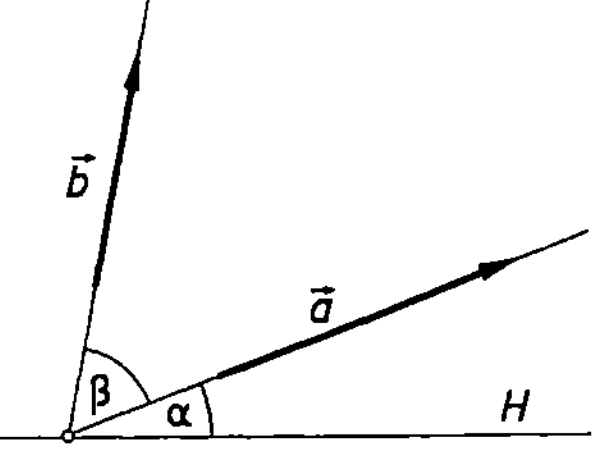

Bild 1.25

b) Bestimmen Sie durch Messung sowohl die zugehörigen Beträge des Summen- bzw. der Differenzvektoren als auch jeweils den mit der Horizontalen H eingeschlossenen Winkel.

c) Welcher Zusammenhang besteht zwischen $\vec{d}_1$ und $\vec{d}_2$? (Begründung!)

1.13   In Anlehnung an Bild 1.26 gilt für $\vec{a}$, $\vec{b}$ und $\vec{c}$ folgendes:

$|\vec{a}| = 5\,\text{cm}$, $\alpha = 20°$;

$|\vec{b}| = 3\,\text{cm}$, $\beta = 30°$;

$|\vec{c}| = 8\,\text{cm}$, $\gamma = 90°$.

Bild 1.26

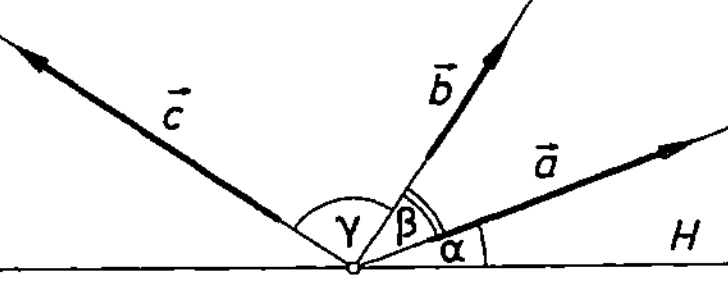

Konstruieren Sie

a) $\vec{a} + \vec{b} + \vec{c}$;   b) $\vec{a} - \vec{b} + \vec{c}$;   c) $\vec{a} + \vec{b} - \vec{c}$;   d) $\vec{a} - \vec{b} - \vec{c}$.

Messen Sie sowohl die Beträge der Resultatsvektoren als auch jeweils ihre Schnittwinkel zur Horizontalen H.

1.14 Durch $\vec{a}, \vec{b}$ und $\vec{c}$ sei gemäß Bild 1.27 ein *Spat*[1]) aufgespannt.

Geben Sie die gerichteten Strecken

$\overrightarrow{AF}, \overrightarrow{BH}, \overrightarrow{CE}$ und $\overrightarrow{DF}$

jeweils durch geeignete Addition
von $\vec{a}, \vec{b}$ und $\vec{c}$ an.

Bild 1.27

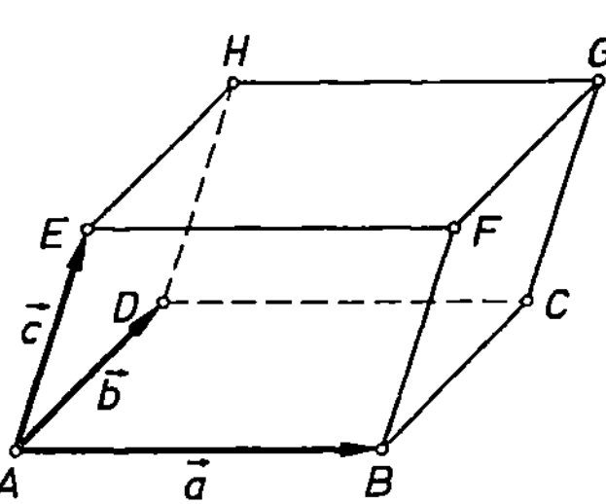

1.15 Welche gerichtete Strecke ist jeweils in Anlehnung an Bild
1.28 gemeint, wenn es heißt

a) $\vec{x} = \overrightarrow{P_1P_3} + \overrightarrow{P_3Q_3} - \overrightarrow{Q_2Q_3}$;

b) $\vec{y} = \overrightarrow{Q_1Q_3} - \overrightarrow{P_3Q_3} - \overrightarrow{P_2P_3}$;

c) $\vec{z} = -\overrightarrow{P_1P_3} + \overrightarrow{P_1Q_2} - \overrightarrow{P_2Q_2} + \overrightarrow{P_2Q_1}$?

Bild 1.28

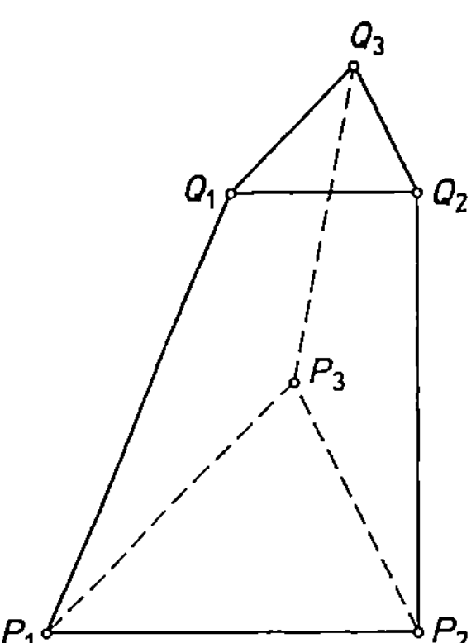

1.16 Geben Sie für die in Bild 1.29 a–c dargestellten Vektorketten jeweils die Vektorgleichung für
den Schlußvektor $\vec{x}$ an:

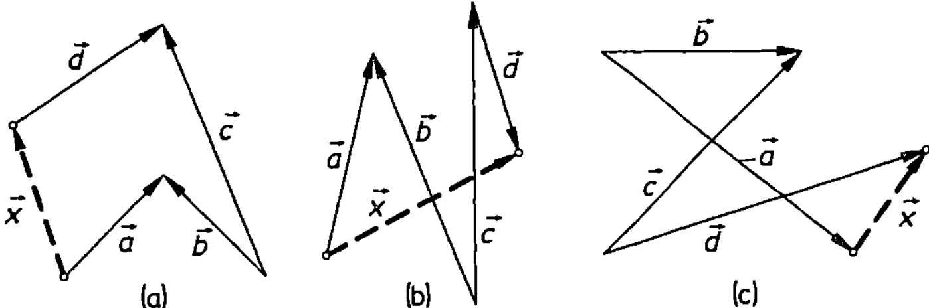

Bild 1.29

1.17 Durch $\vec{a} = \overrightarrow{BC}, \vec{b} = \overrightarrow{AC}$ und $\vec{c} = \overrightarrow{AB}$ ist ein Dreieck *ABC* markiert, ferner halbiere der
Punkt *D* die Strecke *BC* und es gelte $\vec{d} = \overrightarrow{AD}$.

a) Konstruieren Sie den Summenvektor $(\vec{b} + \vec{c})$.

b) Weisen Sie algebraisch nach, daß folgendes richtig ist:

$$\vec{d} + \vec{d} = \vec{b} + \vec{c}.$$

Hinweis: Führen Sie hilfsweise den Vektor $\vec{x} = \overrightarrow{BD} = \overrightarrow{DC}$ ein.

c) Wie heißt der entsprechende Lehrsatz aus der Geometrie?

1.18 Zwei Vektoren sind wie folgt repräsentiert:

$\vec{v}_1$ durch Verschiebung von $P_1(3/1)$ nach $P_2(7/3)$;

$\vec{v}_2$ durch Verschiebung von $Q_1(1/3)$ nach $Q_2(2/6)$.

---

[1]) Auch *Parallelepiped* oder *Parallelflach* genannt; ein Prisma, dessen Grundfläche ein Parallelogramm ist.

Bestimmen Sie zeichnerisch und rechnerisch

a) $\vec{s} = \vec{v}_1 + \vec{v}_2$,   b) $\vec{d} = \vec{v}_1 - \vec{v}_2$.

1.19 Zwei Ortsvektoren, wie folgt gegeben: $\vec{r}_1 = (5,2)$ und $\vec{r}_2 (-1,3)$.

a) Bilden Sie sowohl zeichnerisch als auch rechnerisch
$$\vec{x} = \vec{r}_1 - (-\vec{r}_2).$$

b) Formulieren Sie die allgemeine Gesetzmäßigkeit.

1.20 Durch $P_1(5/1)$, $P_2(-2/3)$ und $P_3(-1/-2)$ sind drei Ortsvektoren $\vec{r}_1$, $\vec{r}_2$ und $\vec{r}_3$ umgekehrt eindeutig markiert.

Bestimmen Sie zeichnerisch und rechnerisch

a) $\vec{x}_1 = \vec{r}_1 + \vec{r}_2 + \vec{r}_3$;   b) $\vec{x}_2 = \vec{r}_1 + \vec{r}_2 - \vec{r}_3$;

c) $\vec{x}_3 = \vec{r}_1 - \vec{r}_2 + \vec{r}_3$;   d) $\vec{x}_4 = \vec{r}_1 - \vec{r}_2 - \vec{r}_3$.

1.21 Auf der Basis der Daten von Aufgabe 1.20 soll gelten
$$\vec{v}_1 = \overrightarrow{P_1P_2}, \quad \vec{v}_2 = \overrightarrow{P_2P_3} \quad \text{und} \quad \vec{v}_3 = \overrightarrow{P_3P_1}.$$

Bestimmen Sie zeichnerisch und rechnerisch

a) $\vec{d}_1 = \vec{v}_1 - \vec{v}_2$;   b) $\vec{d}_2 = \vec{v}_2 - \vec{v}_3$;   c) $\vec{d}_3 = \vec{v}_3 - \vec{v}_1$.

Zusatzfrage: Was gilt für $\vec{s} = \vec{v}_1 + \vec{v}_2 + \vec{v}_3$? (Begründung!)

1.22 Gegeben: $\vec{a} = (-1, 2, 3)$ und $\vec{b} = (2, -3, -1)$.

In welchen Punkt $P_2 \in \mathbb{R}^3$ wird $P_1(1/-3/2)$ jeweils durch $\vec{x}$ verschoben, wenn folgende Vektorgleichung gilt:

a) $\vec{x} - (\vec{a} + \vec{b}) = \vec{0}$;   b) $\vec{x} + (-\vec{a} + \vec{b}) = \vec{0}$?

1.23 Auf den Massemittelpunkt eines Körpers wirken drei Kräfte ein, die durch Angabe ihrer skalaren Komponenten (bezogen auf ein x, y-Koordinatensystem) wie folgt in daN[1]) gegeben sind:
$$\vec{F}_1 = \begin{pmatrix} 6 \\ 1 \end{pmatrix}, \quad \vec{F}_2 = \begin{pmatrix} -2 \\ 5 \end{pmatrix}, \quad \vec{F}_3 = \begin{pmatrix} -1 \\ -2 \end{pmatrix}.$$

a) Konstruieren Sie die resultierende Kraft. Ermitteln Sie ihre Koordinaten rechnerisch.

b) Mit welcher Beschleunigung in m/s^2 bewegt sich der Körper ($m = 20$ kg) in Richtung der Resultierenden?

1.24 Drei Kräfte, wie folgt in Koordinatenschreibweise gegeben (Angabe in kN), wirken auf den Massemittelpunkt eines Körpers ein:
$$\vec{F}_1 = \begin{pmatrix} 4 \\ 1 \\ 1 \end{pmatrix}, \quad \vec{F}_2 = \begin{pmatrix} 6 \\ -3 \\ 4 \end{pmatrix}, \quad \vec{F}_3 = \begin{pmatrix} 2 \\ -2 \\ -2 \end{pmatrix}.$$

a) Welche skalaren Komponenten muß eine Kraft $\vec{F}_4$ haben, damit sich der Körper *nicht* fortbewegt?

b) Wie groß ist diese Kraft in kN?

---

[1]) Deka-Newton (1 daN = 10 N)

1.25 Zwei Orte A und B, am gleichen Ufer eines Flusses gelegen, werden im Rahmen des öffentlichen Nahverkehrs mehrmals täglich von einem Motorboot im Wechsel angefahren. Dabei benötigt das Boot bei Fahrt stromaufwärts für die 7,2 km lange Strecke eine Fahrzeit von 15 Minuten.

   a) Mit welcher, durch seinen Antrieb hervorgerufenen Geschwindigkeit v_B fährt es, wenn die relativ konstante Strömungsgeschwindigkeit des Flusses mit $v_s = 2\,\mathrm{m/s}$ zu veranschlagen ist?

   b) Welche Fahrzeit ergibt sich für die Rückfahrt (also stromabwärts), wenn die Eigengeschwindigkeit des Bootes gleich der auf der Hinfahrt ist?

   c) Mit welcher Eigengeschwindigkeit könnte das Boot zwecks Treibstoffersparnis stromabwärts fahren, wenn die Fahrzeit wie bei der Hinfahrt mit 15 Minuten im Fahrplan einkalkuliert werden würde?

   Hinweis: Die Vektorgleichung für die Geschwindigkeiten läßt sich problemlos – weil kollineare Vektoren[1]) – übertragen auf das Rechnen mit Beträgen.

1.26 Ein 4,75 m langer PkW überholte auf der Autobahn mit einer Reisegeschwindigkeit von $v_p = 135\,\mathrm{km/h}$ einen 15 m langen Sattelschlepper, dessen Geschwindigkeit während des gesamten Überholvorganges konstant $v_s = 72\,\mathrm{km/h}$ betrug.

Berechnen Sie die Überholzeit in Sekunden und den Überholweg in Metern, wenn der PkW 70 m hinter dem vor ihm fahrenden Sattelschlepper auf die Überholspur ausscherte und 24 m vor diesem wieder auf die rechte Fahrspur wechselte.

Hinweis: Erstellen Sie zunächst die Vektorgleichung für den Überholweg $\vec{s}$.

1.2.2 Multiplikation eines Vektors mit einem Skalar
(*S-Multiplikation*)

Bei der Addition gleicher reeller Zahlen bedient man sich zwecks kürzerer Schreibweise der Multiplikation:

$$a + a + a = 3a.$$

Bei der Addition gleicher Vektoren ist es sinnvoll, analog zu verfahren:

$$\vec{s} = \vec{a} + \vec{a} + \vec{a} = 3\vec{a}.$$

Anschaulich (Bild 1.30) erschließt sich der Summenvektor $\vec{s}$ als ein zu $\vec{a}$ gleichgerichteter Vektor vom Betrage $3\,|\vec{a}|$; die gerichtete Strecke $\vec{a}$ wird verdreifacht.

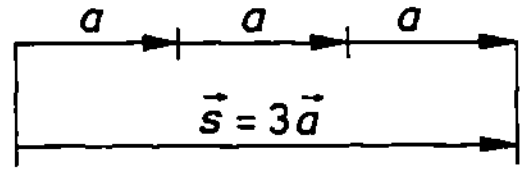

Bild 1.30
$$\vec{s} = \vec{a} + \vec{a} + \vec{a} = 3\vec{a}$$

Entsprechend macht es umgekehrt Sinn, eine Aussage über die in *drei* gleiche Abschnitte aufgeteilte gerichtete Strecke $\vec{s}$ vorzunehmen:

$$\tfrac{1}{3}\vec{s} = \vec{a}.$$

Hieße dagegen der Faktor z.B. $-\tfrac{1}{3}$, ergäbe sich der Gegenvektor zu $\vec{a}$, also $-\vec{a}$.

---

[1]) siehe Abschnitt 1.6.1 (Skalarprodukt)

Allgemeiner formuliert:

Aus der Multiplikation einer reellen Zahl (= Skalar) mit einem Vektor – auch S-Multiplikation genannt –, resultiert ein hierzu *kollinearer* Vektor, der

je nach Größe und Vorzeichen der reellen Zahl

– eine Längenänderung erfahren hat und
– gleich oder gegensinnig orientiert ist.

Die Definition sagt es präziser:

Definition 1.9

Gegeben sei ein Vektor $\vec{a} \neq \vec{0}$, ferner eine reelle Zahl λ.
Dann versteht man unter dem Produkt

$$\boxed{\vec{b} = \lambda \cdot \vec{a}\,{}^{1)}}$$

einen Vektor, dessen Betrag das λ-fache von $\vec{a}$ ist.

Anschaulich erschließen sich drei Fälle:

1. $\lambda > 0$: $\vec{b}$ ist gleichsinnig parallel ($\uparrow\uparrow$) zu $\vec{a}$;

2. $\lambda < 0$: $\vec{b}$ ist gegensinnig parallel ($\uparrow\downarrow$) zu $\vec{a}$,

speziell: $\boxed{(-1)\vec{a} = -\vec{a}}$

3. $\lambda = 0$: $\vec{b}$ ist der Nullvektor, also $\boxed{0 \cdot \vec{a} = \vec{0}}$.

Fall 3 sei Veranlassung, obige Definition – sie läßt den *Nullvektor* als Faktor nicht zu – sinnvoll wie folgt zu ergänzen:

$$\boxed{\lambda \cdot \vec{0} = \vec{0}} \; .$$

Jetzt erst ergibt sich die wünschenswerte Analogie zum *Satz vom Nullprodukt* reeller Zahlen[2].

Streckung oder Stauchung

Hinsichtlich der Beträge gilt folgendes:

Ist $|\lambda| > 1$, resultiert $|\vec{b}| > |\vec{a}|$; für $|\lambda| < 1$ folgt $|\vec{b}| < |\vec{a}|$.

---

[1] gelesen: *Lamda mal a*; der Malpunkt kann, muß aber nicht gesetzt werden! – Üblicherweise steht der Skalar *links* vom Vektor.

Der griechische Buchstabe λ (= *l*) soll auf die durch S-Multiplikation verursachte Längenänderung hinweisen. – Der im Schrifttum in diesem Zusammenhang auch benutzte Buchstabe r (für reelle Zahl) wird hier bewußt nicht verwandt, um eine Verwechslung mit Ortsvektoren auszuschließen.

[2] Ein Produkt ist Null, wenn mindestens einer der Faktoren Null ist.

Beispiele

a) $\vec{b} = 2\vec{a}$: $\vec{b}$ ist *gleichsinnig* zu $\vec{a}$ und 2-mal so lang wie $\vec{a}$;

b) $\vec{b} = -\frac{1}{2}\vec{a}$: $\vec{b}$ ist *gegensinnig* zu $\vec{a}$ und $\frac{1}{2}$-mal so lang wie $\vec{a}$.

Beispiele für die S-Multiplikation aus Physik und Technik

a) gleichförmige Bewegung

$$\vec{s} = t \cdot \vec{v}^{\,1)} \quad \text{oder} \quad \vec{v} = \frac{1}{t}\vec{s} \quad (t > 0: \vec{s} \uparrow\uparrow \vec{v});$$

b) gleichmäßig beschleunigte Bewegung

$$\vec{v} = t \cdot \vec{a}^{\,2)} \quad \text{oder} \quad \vec{a} = \frac{1}{t}\vec{v} \quad (t > 0: \vec{v} \uparrow\uparrow \vec{a});$$

c) Newton'sches Axiom

$$\vec{F} = m \cdot \vec{a} \quad \text{oder} \quad \vec{a} = \frac{1}{m}\vec{F} \quad (m > 0: \vec{F} \uparrow\uparrow \vec{a});$$

d) elektrische Feldstärke $\vec{E}$

Zur Kennzeichnung der Stärke eines elektrischen Feldes dient die Kraft $\vec{F}$, die dort auf ein positiv (+) oder negativ (−) geladenes Teilchen (Ladung Q in As³) gemessen) einwirkt.

$$\vec{E} = \frac{1}{Q}\vec{F} \quad \text{oder} \quad \vec{F} = Q \cdot \vec{E} \quad (Q > 0: \vec{E} \uparrow\uparrow \vec{F};\ Q < 0: \vec{E} \uparrow\uparrow \vec{F}).$$

S-Multiplikation im Anschauungsraum

Die bisherigen Aussagen lassen sich ähnlich elegant wie bei Vektoraddition und -subtraktion übertragen auf in Koordinatenschreibweise angegebene Vektoren; der algebraische Aspekt gewinnt weiter an Bedeutung.

Definition 1.10

Es sei $\vec{a} = \begin{pmatrix} a_x \\ a_y \\ a_z \end{pmatrix}$ ein Vektor im $\mathbb{R}^3$, ferner λ eine reelle Zahl.

Dann gilt

$$\lambda\vec{a} = \lambda\begin{pmatrix} a_x \\ a_y \\ a_z \end{pmatrix} = \begin{pmatrix} \lambda \cdot a_x \\ \lambda \cdot a_y \\ \lambda \cdot a_z \end{pmatrix}.$$

Beispiel: Für $\vec{a} = \begin{pmatrix} 4 \\ 2 \\ 6 \end{pmatrix}$ und $\lambda = \frac{1}{2}$ ergibt sich $\vec{b} = \frac{1}{2}\vec{a} = \frac{1}{2}\begin{pmatrix} 4 \\ 2 \\ 6 \end{pmatrix} = \begin{pmatrix} 2 \\ 1 \\ 3 \end{pmatrix}$.

---

1) Eine ungewöhnliche Schreibweise; geläufig ist $\vec{s} = \vec{v} \cdot t$.
   Aber: Die S-Multiplikation ansich ist nicht kommutativ; erst die Festlegung $\vec{a} \cdot \lambda := \lambda\vec{a}$ behebt den Mißstand.

2) $\vec{v} = t \cdot \vec{a} = \vec{a} \cdot t$ gemäß vorgenommener Festlegung

3) Amperesekunde (1 As = 1 C; C steht für *Coulomb*)

Gesetzmäßigkeiten der S-Multiplikation

Es sei vorweggenommen: Das Rechnen erfolgt, wie in der Algebra gewohnt, insbesondere gelten die üblichen Klammerregeln.

> **1.** Es gibt ein *neutrales* Element der Multiplikation:
>
> $$1 \cdot \vec{a} = \vec{a}.$$
>
> **2.** Es gilt das *Assoziativgesetz* (Verbindungsgesetz):
>
> $$\lambda(\mu\vec{a}) = (\lambda\mu)\vec{a}.\,^{1)}$$
>
> **3.** Es gilt das *Distributivgesetz* (Verteilungsgesetz):
>
> (a) $\quad (\lambda + \mu)\vec{a} = \lambda\vec{a} + \mu\vec{b}\,;$
>
> (b) $\quad \lambda(\vec{a} + \vec{b}) = \lambda\vec{a} + \lambda\vec{b}.$

Beweis des Distributivgesetzes

Exemplarisch soll hier (*b*) bewiesen werden.

Es gilt

$$\lambda(\vec{a} + \vec{b}) = \lambda\begin{pmatrix} a_x + b_x \\ a_y + b_y \\ a_z + b_z \end{pmatrix} = \begin{pmatrix} \lambda(a_x + b_x) \\ \lambda(a_y + b_y) \\ \lambda(a_z + b_z) \end{pmatrix},$$

unter Verwendung des *Distributivgesetzes reeller Zahlen* folgt

$$\lambda(\vec{a} + \vec{b}) = \begin{pmatrix} \lambda a_x + \lambda b_x \\ \lambda a_y + \lambda b_y \\ \lambda a_z + \lambda b_z \end{pmatrix} = \begin{pmatrix} \lambda a_x \\ \lambda a_y \\ \lambda a_z \end{pmatrix} + \begin{pmatrix} \lambda b_x \\ \lambda b_y \\ \lambda b_z \end{pmatrix} = \lambda\begin{pmatrix} a_x \\ a_y \\ a_z \end{pmatrix} + \lambda\begin{pmatrix} b_x \\ b_y \\ b_z \end{pmatrix},$$

somit $\lambda(\vec{a} + \vec{b}) = \lambda\vec{a} + \lambda\vec{b}.$

Geometrische Veranschaulichung des Distributivgesetzes (b)

Bild 1.31 veranschaulicht die Gesetzmäßigkeit; eine Beweisführung mittels *Strahlensatz* böte sich ebenfalls an.

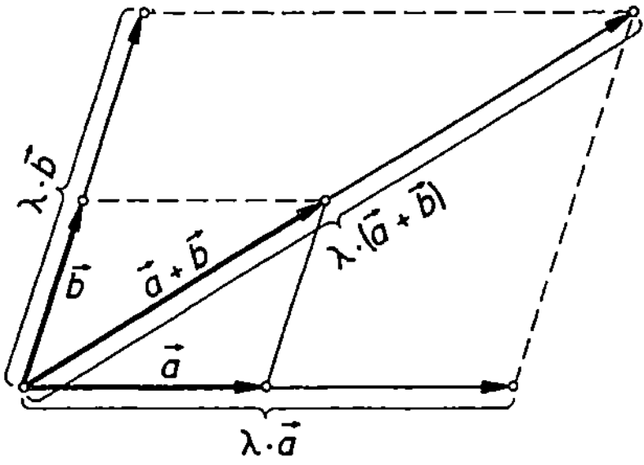

Bild 1.31
Das Distributivgesetz der S-Multiplikation

▶ *Beispiel*

Gegeben seien die Vektoren $\vec{a} = (5, 2)$ und $\vec{b}\,(-1, 3)$.
Bilden sie rechnerisch und zeichnerisch $\vec{x} = \vec{a} - 3\vec{b} - 2(\vec{a} - \vec{b}).$

$^{1)}$ neu eingeführter griech. Buchstabe μ (gelesen: mü)

Lösung: $\vec{x} = \vec{a} - 3\vec{b} - 2\vec{a} + 2\vec{b} = -\vec{a} - \vec{b} = (-1)(\vec{a} + \vec{b})$, also

$$\vec{x} = (-1)\binom{5 + (-1)}{2 + 3} = (-1)\binom{4}{5} = \binom{-4}{-5}.$$

Die zeichnerische Lösung sei der Leserschaft zugemutet.

Sonderfall: Einheitsvektoren

Der zu einem Vektor $\vec{v}$ kollineare Einheitsvektor wird auch mit

$$\vec{e}_v = \vec{v}^{\,0} \quad \text{(gelesen: v oben Null)}$$

bezeichnet. – Soweit aus Abschnitt 1.1.3 bekannt..

Unter Berücksichtigung der S-Multiplikation eröffnet sich ein neuer Aspekt:

In Anlehnung an Bild 1.32 gilt

$$\vec{v} = |\vec{v}| \cdot \vec{v}^{\,0} \quad \text{oder aber} \quad \boxed{\vec{v}^{\,0} = \frac{1}{|\vec{v}|} \cdot \vec{v}}\,.$$

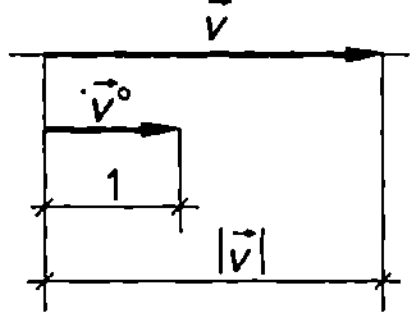

Bild 1.32 Vektor $\vec{v}$ mit Einheitsvektor $\vec{v}_0$

Hinweis: Der Übergang von $\vec{v}$ zu $\vec{v}^{\,0}$ wird auch *Normierung* des Vektors $\vec{v}$ genannt.

Achtung: Umgekehrt ist die Division durch einen Vektor sinnvollerweise[1]) nicht erklärt und damit unmöglich!

Beispiel: Für einen Vektor $\vec{v}$ mit $|\vec{v}| = 5$ gilt $\vec{v}^{\,0} = \tfrac{1}{5}\vec{v}$.

▶ *Beispiel*

Gesucht ist der in Richtung $\vec{a} = \begin{pmatrix} -3 \\ 0 \\ 4 \end{pmatrix}$ verlaufende Einheitsvektor $\vec{a}^{\,0}$.

Lösung

Es gilt $\vec{a}^{\,0} = \dfrac{1}{|\vec{a}|} \cdot \vec{a} = \dfrac{1}{|\vec{a}|} \cdot \begin{pmatrix} 3 \\ 0 \\ 4 \end{pmatrix}$; mit $|\vec{a}| = \sqrt{3^2 + 0^2 + 4^2} = 5$ folgt·

$$\vec{a}^{\,0} = \tfrac{1}{5} \cdot \begin{pmatrix} 3 \\ 0 \\ 4 \end{pmatrix} = \begin{pmatrix} 0{,}6 \\ 0 \\ 0{,}8 \end{pmatrix}.$$

Komponentendarstellung von Vektoren

Die bewußt früh eingeführte Koordinatenschreibweise für Vektoren im $\mathbb{R}^3$ – Angabe der skalaren Komponenten in Spalten- oder Zeilenform – erhält nun im Zusammenhang mit der S-Multiplikation ihre wesentliche Begründung.

---

[1]) siehe weiter unten Abschnitt 1.6.1: Das Skalarprodukt

Das 3-dimensionale kartesische Koordinatensystem mit $0\,(0/0/0)$ als Bezugspunkt versteht sich als ein durch drei senkrecht aufeinander stehende

$$\text{Einheitsvektoren } \vec{e}_x := \begin{pmatrix} 1 \\ 0 \\ 0 \end{pmatrix}, \ \vec{e}_y := \begin{pmatrix} 0 \\ 1 \\ 0 \end{pmatrix} \text{ und } \vec{e}_z := \begin{pmatrix} 0 \\ 0 \\ 1 \end{pmatrix}$$

– auch Basisvektoren des $\mathbb{R}^3$ genannt –

aufgespannter Raum, durch die Richtung und Skalierung der Koordinatenachsen festgelegt sind.

Daß sich jedem Punkt $P(x_P/y_P/z_P)$ des Anschauungsraumes umgekehrt eindeutig ein Ortsvektor $\vec{r}_P$ zuordnen läßt, ist bekannt. Neu ist der mathematische Hintergrund, fußend auf

Basisvektoren, S-Multiplikation und Vektoraddition.

Für den in Bild 1.33 dargestellten Ortsvektor $\vec{r}_P$ heißt es wie folgt:

$$\vec{r}_P = x_P \cdot \vec{e}_x + y_P \cdot \vec{e}_y + z_P \cdot \vec{e}_z = x_P \cdot \begin{pmatrix} 1 \\ 0 \\ 0 \end{pmatrix} + y_P \cdot \begin{pmatrix} 0 \\ 1 \\ 0 \end{pmatrix} + z_P \cdot \begin{pmatrix} 0 \\ 0 \\ 1 \end{pmatrix} =$$

$$= \begin{pmatrix} x_P \\ 0 \\ 0 \end{pmatrix} + \begin{pmatrix} 0 \\ y_P \\ 0 \end{pmatrix} + \begin{pmatrix} 0 \\ 0 \\ z_P \end{pmatrix}$$

$$\vec{r}_P = \begin{pmatrix} x_P \\ y_P \\ z_P \end{pmatrix}.$$

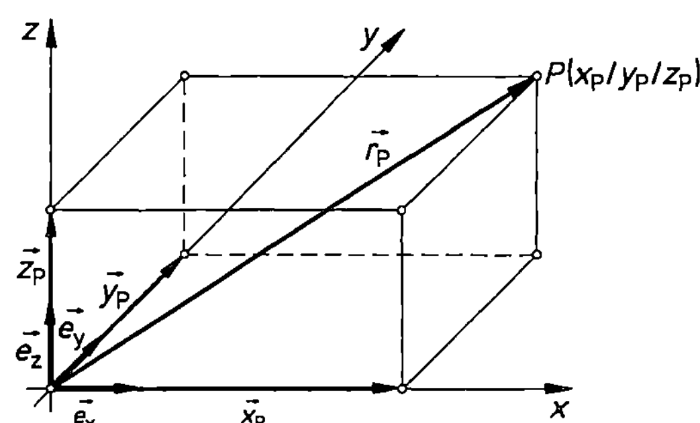

Bild 1.33
Komponenten des Vektors $\vec{r}_P$

Noch einmal zur Erinnerung:

x_P, y_P und z_P stehen für die Koordinaten des Vektors $\vec{r}_P$.

Daß hierfür auch die Bezeichnung „skalare Komponenten" verwandt wird, dürfte nunmehr in Verbindung mit S-Multiplikation und Basisvektoren gedanklich nachvollziehbar sein.

Spricht man von den *vektoriellen* Komponenten, sind die einzelnen vektoriellen Summanden gemeint, nämlich

$$\vec{x}_P := x_P \cdot \vec{e}_x, \quad \vec{y}_P := y_P \cdot \vec{e}_y \quad \text{und} \quad \vec{z}_P := z_P \cdot \vec{e}_z,$$

somit gilt auch

$$\vec{r}_P = \vec{x}_P + \vec{y}_P + \vec{z}_P.$$

Entsprechende Aussagen lassen sich für jeden beliebigen, nicht ortsgebundenen Vektor $\vec{v}$ tätigen, dessen Repräsentant durch eine

Verschiebung von $P_1(x_1/y_1/z_1)$ nach $P_2(x_2/y_2/z_2)$[1])

markiert ist:

$$\vec{v} = (x_2 - x_1)\vec{e}_x + (y_2 - y_1)\vec{e}_y + (z_2 - z_1)\vec{e}_z$$

$$\vec{v} = (x_2 - x_1) \cdot \begin{pmatrix} 1 \\ 0 \\ 0 \end{pmatrix} + (y_2 - y_1) \cdot \begin{pmatrix} 0 \\ 1 \\ 0 \end{pmatrix} + (z_2 - z_1) \cdot \begin{pmatrix} 0 \\ 0 \\ 1 \end{pmatrix}$$

$$\vec{v} = \begin{pmatrix} x_2 - x_1 \\ y_2 - y_1 \\ z_2 - z_1 \end{pmatrix}.$$

Sonderfall: **$\mathbb{R}^2$-Ebene**

Der Basisvektor $\vec{e}_z$ entfällt; $\vec{e}_x$ und $\vec{e}_y$ spannen die x,y-Ebene auf.

Repräsentiert $\left\{ \begin{array}{l} \vec{v}_x \text{ eine Verschiebung in } x\text{-Richtung} \\ \vec{v}_y \text{ eine Verschiebung in } y\text{-Richtung} \end{array} \right\}$, dann gilt gemäß bisheriger Aus-

führungen

$$\vec{v} = \vec{v}_x + \vec{v}_y = v_x \cdot \vec{e}_x + v_y \cdot \vec{e}_y = v_x \cdot \begin{pmatrix} 1 \\ 0 \end{pmatrix} + v_y \cdot \begin{pmatrix} 0 \\ 1 \end{pmatrix} = \begin{pmatrix} v_x \\ 1 \end{pmatrix} + \begin{pmatrix} 0 \\ v_y \end{pmatrix} = \begin{pmatrix} v_x \\ v_y \end{pmatrix}.$$

Für Ortsvektoren im $\mathbb{R}^2$ erfolgt die Zerlegung entsprechend.

Anwendung in Physik und Technik

a) *Kräftezerlegung*

Die in Bild 1.34 dargestellte Kraft $\vec{F}$ läßt sich wie folgt in ihre vektoriellen Komponenten zerlegen:

$$\vec{F} = \vec{F}_x + \vec{F}_y = F_x \cdot \vec{e}_x + F_y \cdot \vec{e}_y$$

$$\vec{F} = F_x \begin{pmatrix} 0 \\ 1 \end{pmatrix} + F_y \begin{pmatrix} 0 \\ 1 \end{pmatrix} = \begin{pmatrix} F_x \\ F_y \end{pmatrix}.$$

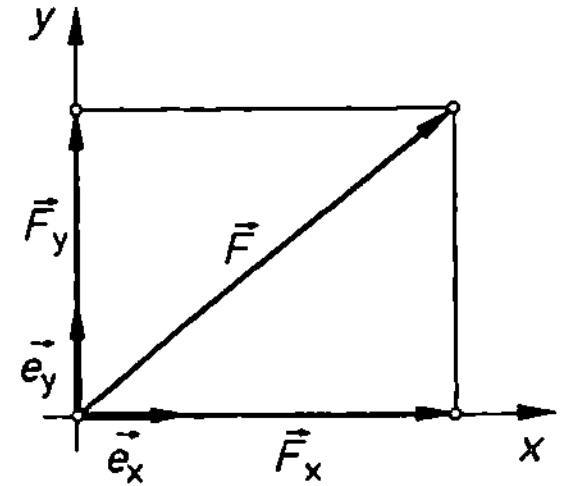

Bild 1.34
$\vec{F}$ mit dem Komponenten $\vec{F}_x$ und $\vec{F}_y$

Ist ein Winkel α vorgegeben, ergibt sich aufgrund der einschlägig bekannten trigonometrischen Beziehungen im rechtwinkligen Dreieck

---

[1]) siehe Abschnitt 1.1.4: Definition 1.5

$$\left.\begin{array}{l} \vec{F}_x = (F \cdot \cos \alpha)\,\vec{e}_x \\ \vec{F}_y = (F \cdot \cos \alpha)\,\vec{e}_y \end{array}\right\}, \text{ also } \vec{F} = \begin{pmatrix} F\cos\alpha \\ F\sin\alpha \end{pmatrix} = F\begin{pmatrix} \cos\alpha \\ \sin\alpha \end{pmatrix}.$$

Beispiel: für $F = 100\,\text{N}$ und $\alpha = 30°$ resultiert

$$\vec{F} = 100\,\text{N}\begin{pmatrix} \cos 30° \\ \sin 30° \end{pmatrix} = 100\,\text{N}\begin{pmatrix} \frac{1}{2}\sqrt{3} \\ \frac{1}{2} \end{pmatrix} = \begin{pmatrix} 86{,}67\,\text{N} \\ 50{,}00\,\text{N} \end{pmatrix}.$$

b) *schiefer Wurf*

Für einen Körper, der mit einer Geschwindigkeit von $\vec{v}_0$ unter einem Winkel α, gemessen gegen die Horizontale, abgeworfen wird, gilt Entsprechendes:

Ersetzt man den in Bild 1.34 dargestellten Kraftvektor $\vec{F}$ durch den Geschwindigkeitsvektor $\vec{v}_0$, so ergibt sich für dessen Komponentendarstellung wie gehabt

$$\vec{v}_0 = \begin{pmatrix} v_{0_x} \\ v_{0_y} \end{pmatrix} = \dots = v_0\begin{pmatrix} \cos\alpha \\ \sin\alpha \end{pmatrix}.$$

Vorsicht: Soll der tatsächliche Bewegungsablauf mathematisch erfaßt werden, gilt zu berücksichtigen, daß in y-Richtung infolge der physikalischen Gesetzmäßigkeit des *Freien Falls* ein zusätzlicher Vektor $\vec{v}_g = -\vec{g}\,t$ wirkt.

$$\text{Also:}\ \vec{v} = \begin{pmatrix} v_x \\ v_y \end{pmatrix} = \begin{pmatrix} v_0 \cdot \cos\alpha \\ v_0 \cdot \sin\alpha - gt \end{pmatrix}.$$

Anmerkungen

1. Das Hintergrundwissen für die Rechtfertigung der Komponentenschreibweise erfolgt in Abschnitt 1.3.2.

2. Im mathematischen Schrifttum finden sich üblicherweise auch folgende Festlegungen für die Basisvektoren:

$$\boxed{i := \vec{e}_x,\ j := \vec{e}_y,\ k := \vec{e}_z{}^{1)}}\ . \qquad \begin{array}{l} \textit{Beispiel:} \\ \vec{v} = 5i - 3j + 2k = \begin{pmatrix} 5 \\ -3 \\ 2 \end{pmatrix}. \end{array}$$

3. Ausblickend der Hinweis, daß

   – die Komponentenbetrachtung auf n-dimensionale Räume ($\mathbb{R}^n$) ausgedehnt wird, und
   – Basisvektoren nicht rechtwinklig zueinander sein müssen.

● *Aufgaben*

1.27 Gegeben seien die Vektoren $\vec{a}$ mit $|\vec{a}| = 6\,\text{cm}$ und $\vec{b}$ mit $|\vec{b}| = 4\,\text{cm}$, ferner gelte $\sphericalangle\,(\vec{a},\vec{b}) = 50°$.

   Zeichnen Sie den Vektor $\vec{x} = \frac{2}{3}\vec{a} + \frac{3}{4}\vec{b}$; messen Sie ihn aus.

1.28 *Ebenso* für $\vec{x} = \left(\frac{4}{3}\vec{a} + \frac{7}{4}\vec{b}\right) - \left(\frac{1}{6}\vec{a} + \frac{1}{2}\vec{b}\right)$.

1.29 Konstruieren Sie aus zwei beliebigen nicht-kollinearen Vektoren $\vec{a}$ und $\vec{b}$

   a) $\vec{x} = (\vec{a} + \vec{b}) + (\vec{a} - \vec{b})$;   b) $\vec{y} = (\vec{a} + \vec{b}) - (\vec{a} - \vec{b})$.

   Was fällt auf? – Bestätigen Sie algebraisch die Vermutung für $\vec{a} = (3,4)$ und $\vec{b} = (2,1)$.

$^{1)}$ Die Kürzel i, j und k sind von H. G. *Graßmann* eingeführt worden.

1.30   Es sei $\vec{a} = \begin{pmatrix} -4 \\ 6 \\ -8 \end{pmatrix}$. Bestimmen Sie $\vec{b} = \lambda\vec{a}$, wenn gilt:

a) $\lambda = \frac{1}{2}$;   b) $\lambda = \frac{1}{4}$;   c) $\lambda = -\frac{3}{2}$.

1.31   Auf dem Freigelände der Industriemesse Hannover machte ein Unternehmen auf seine Produkte durch das in Bild 1.35 schematisch dargestellte aufgeständerte Rohrmodell eines Parallelepipeds aufmerksam. – Dabei beziehen sich die in der Tabelle unvollständig angegebenen Positionen (Angabe in m) auf den Informationsstand der Firma.

	x	y	z
P_1	5	1	2
P_2	9	3	3
P_3	12	6	5
P_4	–	–	–
P_5	6	2	5
P_6	–	–	–
P_7	–	–	–
P_8	–	–	–

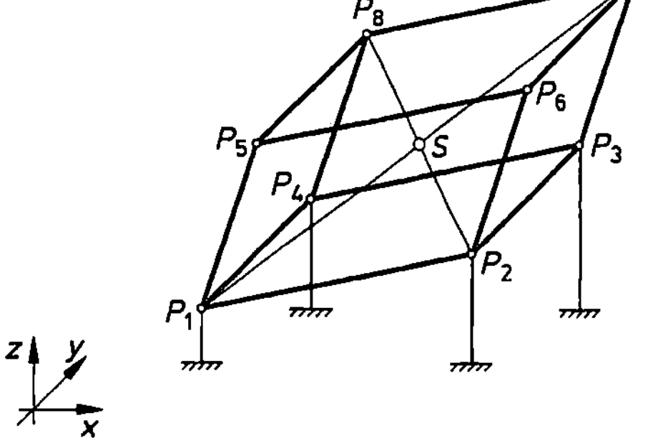

Bild 1.35

a) Vervollständigen Sie die Tabelle.

b) Zur Stabilisierung sind zusätzlich folgende Rohr-Verstrebungen angebracht worden: $P_1 - P_7$, $P_2 - P_8$.
In welcher Position (Angabe der Koordinaten) befindet sich der Rohrverbinder S? – Wie lang sind die einzelnen Rohre der beiden diagonalen Verstrebungen?

Hinweis: Die Raumdiagonalen eines Parallelepipeds halbieren sich.

1.32   Zwei Stationen A und B einer dazwischen geradlinig verlaufenden U-Bahn-Strecke können – bezogen auf ein Kontrollzentrum – mit folgenden Koordinaten (Angabe in m) markiert werden:
$$A(280/350/-12) \quad \text{und} \quad B(3200/410/-10)$$

Mit welchen Koordinaten ist eine auf $\frac{3}{4}$ der Strecke von A nach B montierte Signalschleife im Kontrollzentrum ausgewiesen?

1.33   Für eine andere U-Bahn-Strecke, ebenfalls geradlinig verlaufend zwischen den Stationen
$$C(-180/160/-9) \quad \text{und} \quad D(4200/-320/-12),$$
ergibt sich für die Signalschleife eine Abszisse $x_S = 2740$.

Geben Sie die fehlenden Koordinaten an.

1.34   In einem geradlinig verlaufenden, stark befahrenen Straßentunnel, dessen Ein- und Ausgang bezogen auf eine nahebei gelegene Polizeistation durch die Koordinaten (Angabe in m)
$$E(120/150/830) \quad \text{und} \quad A(180/990/850)$$
markiert sind, sollen zwecks Smog-Warnung zwischen E und A gleichmäßig verteilt *drei* Meßstationen installiert werden.

Welche Koordinaten ergeben sich für die einzelnen Stationen, und wie groß ist der Abstand zwischen ihnen?

1.35 In einer automatischen Punktschweißanlage werden für ein Bauteil insgesamt 7 auf einer Geraden liegende, gleichmäßig verteilte Positionen angefahren; für zwei von ihnen lauten die Koordinaten (Angabe in mm), bezogen auf den Werkstück-Nullpunkt, wie folgt:

$$P_4(510/245/195) \quad \text{und} \quad P_5(660/320/245).$$

Geben Sie die Koordinaten der zuerst (P_1) und zuletzt (P_7) anzusteuernden Position an.

1.36 Wie heißt jeweils der Einheitsvektor $\vec{c}^{\,0}$, wenn gilt

a) $\vec{a} = \begin{pmatrix} 2 \\ 1 \end{pmatrix}, \qquad \vec{b} = \begin{pmatrix} 1 \\ 2 \end{pmatrix}, \qquad \vec{c} = 5\vec{a} + 2\vec{b};$

b) $\vec{a} = \begin{pmatrix} 2 \\ 3 \end{pmatrix}, \qquad \vec{b} = \begin{pmatrix} -2 \\ 3 \end{pmatrix}, \qquad \vec{c} = 3\vec{a} - \vec{b};$

c) $\vec{a} = \begin{pmatrix} 1 \\ 4 \\ 2 \end{pmatrix}, \qquad \vec{b} = \begin{pmatrix} 3 \\ 2 \\ 1 \end{pmatrix}, \qquad \vec{c} = \vec{a} + 3\vec{b};$

d) $\vec{a} = \begin{pmatrix} 4 \\ -3 \\ 1 \end{pmatrix}, \qquad \vec{b} = \begin{pmatrix} 1 \\ -2 \\ -2 \end{pmatrix}, \qquad \vec{c} = 2\vec{a} - 5\vec{b}?$

1.37 Durch die Ortsvektoren $\vec{r}_1 = \begin{pmatrix} 6 \\ 4{,}5 \end{pmatrix}$ und $\vec{r}_2 = \begin{pmatrix} -3 \\ 4 \end{pmatrix}$ sei ein Winkelfeld der $\mathbb{R}^2$-Ebene mit $\sphericalangle\,(\vec{r}_1, \vec{r}_2) < 180°$ markiert.

Berechnen Sie den Richtungsvektor $\vec{w}$ der Winkelhalbierenden. Geben Sie diesen so an, daß seine skalaren Komponenten kleinstmögliche *natürliche* Zahlen sind.

Hinweis: $\vec{w} = \vec{r}_1^{\,0} + \vec{r}_2^{\,0}.$

1.38 Die Trassierung der Magnetschwebebahn zwischen den Ortschaften A und B einerseits und C und D andererseits (Bild 1.36) soll geradlinig so verlaufen, daß die Trasse der Winkelhalbierenden des sich abzeichnenden Winkelfeldes entspricht.

Geben Sie tabellarisch für die Abszissen

$x = 1{,}5;\ 2;\ 5;\ 10;\ 15\ u.\ 20$

die Ordinaten der abzusteckenden Streckenpunkte an, wenn für das mittels Satellitenmessung angelegte Meßblatt (20 km × × 20 km) folgende Koordinaten (in km) gelten:

$A(6/6), \quad B(18/15),$
$C(10/14), \quad D(4/6) \quad \text{und} \quad S(1/2{,}25).$

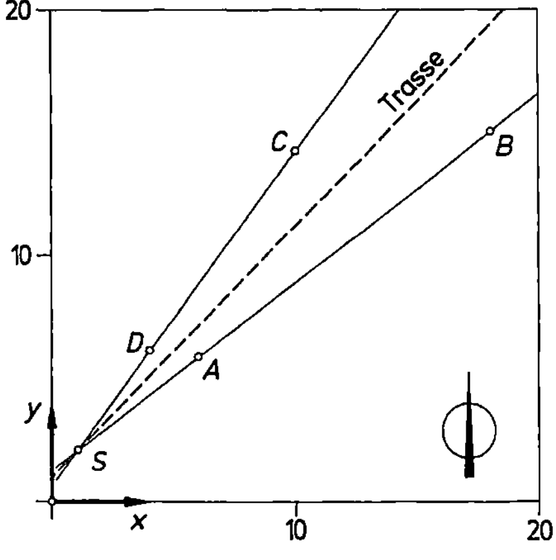

Bild 1.36

1.39 Eine Kraft $\vec{F}$ mit $|\vec{F}| = 1$ kN soll in ihre vektoriellen Komponenten $\vec{F}_x$ und $\vec{F}_y$ zerlegt werden.

Schreiben Sie $\vec{F}$ jeweils als Spaltenvektor (Angabe ohne Nachkommastelle, aufgerundet in N) wenn ihre Wirkungslinie die x-Achse unter einem Winkel α wie folgt schneidet:

a) $\alpha = 20°;$ b) $\alpha = 45°;$ c) $\alpha = 70°.$

1.40 Während eines Fußballspiels wurde ein Freistoß zwecks Überwindung der gegnerischen Abwehrmauer so ausgeführt, daß der Ball unter einem Winkel von 45° (gemessen gegen die Niveaulinie des Fußballfeldes) in die Luft flog.

a) Geben Sie für den schiefen Wurf bei einer Anfangsgeschwindigkeit von $v_0 = 10\sqrt{2}\,\text{m/s}$ den Vektor $\vec{s}$ in Koordinatenschreibweise an.

   Hinweis: Rechnen Sie mit $\sin 45° = \cos 45° = \tfrac{1}{2}\sqrt{2}$ und $g \approx 10\,\text{m/s}^2$.

b) Erstellen Sie die Funktionsgleichung der Wurfparabel.

   Hinweis: Zunächst Flugzeit t eliminieren.

c) Wie weit flog der Ball, wenn er zwischenzeitlich von keinem Spieler berührt wurde, und welche maximale Flughöhe erreichte er unter Vernachlässigung des Luftwiderstandes?

1.41 a) Geben Sie für den schiefen Wurf mit Anfangsgeschwindigkeit v_0 und Abwurfwinkel α den Vektor $\vec{s}$ in Koordinatenschreibweise an.

b) Ermitteln sie die maximale Wurfweite $s_{x\,\text{max}}$.

   Hinweis: Setzen Sie $s_y = 0$, um zunächst die Flugzeit t_{max} zu bestimmen.

c) Ermitteln Sie die maximale Wurfhöhe $s_{y\,\text{max}}$.

d) Zeigen Sie, daß die Flugbahn (= Wurfparabel) dem Graphen einer quadratischen Funktion entspricht.

e) Vergleichen Sie die Ergebnisse mit denen der Aufgabe 1.40.

1.42 a) Geben Sie für den waagerechten Wurf die Vektoren $\vec{v}$ und $\vec{s}$ in Spaltenschreibweise an.

b) Weisen Sie nach, daß die Flugbahn eine Parabel (= Graph einer quadratischen Funktion) ist. – Welches ist der Formfaktor der Parabel?

1.43 Im unwegsamen Gelände eines Krisengebietes soll die notleidende Bevölkerung aus der Luft durch Abwurf von stoßfesten Behältern, gefüllt mit Grundnahrungsmitteln, versorgt werden.

a) Wieviel Meter vor der geplanten Auftreffstelle müssen die Behälter an Bord einer mit $v_0 = 90\,\text{km/h}$ in 180 m Höhe anfliegenden Transall-Maschine ausgeklinkt werden?

b) Wie groß ist die Auftreffgeschwindigkeit der Behälter?

   Hinweis: Zunächst $\vec{s}$ und $\vec{v}$ in Spaltenschreibweise angeben.

1.44 Bei der Herstellung von Tabletten werden diese nach dem Formungsprozeß vom Fertigungs-Automaten waagerecht mit einer Geschwindigkeit von $v_0 = 1\,\text{m/s}$ aus einem Mundstück heraus in einen bereitstehenden Behälter katapultiert (in Bild 1.37 schematisch dargestellt).

a) Wie weit von der Austrittsöffnung des Mundstückes entfernt (Maß s_x) muß der Behälter aufgestellt werden?

b) Wie lautet die Funktionsgleichung der Wurfparabel?

c) Wie hoch darf der Behälter mit Durchmesser $d = 200\,\text{mm}$ maximal sein, wenn aus praktischen Erwägungen die theoretisch mögliche Höhe um 15 % gekürzt werden soll?

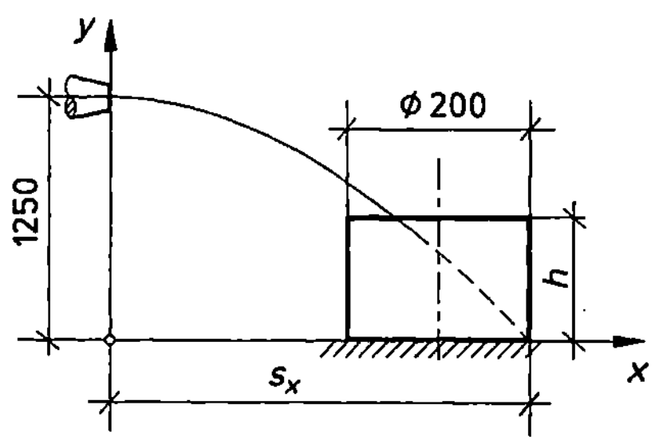

Bild 1.37

* S-Multiplikation in der Geometrie (Teilungsverhältnisse)

Bedeutsam ist das Herleiten von Gesetzmäßigkeiten sowie das Beweisen wichtiger Sätze; in beiden Fällen geometrische Teilungsverhältnisse betreffend. – Exemplarisch zum Nachempfinden die folgenden drei Beispiele:

1. *Mittige Teilung einer Strecke*

Für die in Bild 1.38 durch $P_1(x_1/y_1)$ und $P_2(x_2/y_2)$ markierte Strecke sollen allgemein die Koordinaten des Mittelpunktes M angegeben werden.

Es gilt
$$\vec{r}_M = \vec{r}_1 + \tfrac{1}{2}(\vec{r}_2 - \vec{r}_1) \quad \text{oder}$$

$$\vec{r}_M = \vec{r}_1 + \tfrac{1}{2}\vec{r}_2 - \tfrac{1}{2}\vec{r}_1, \quad \text{somit}$$

$$\boxed{\vec{r}_M = \tfrac{1}{2}(\vec{r}_1 + \vec{r}_2)}.$$

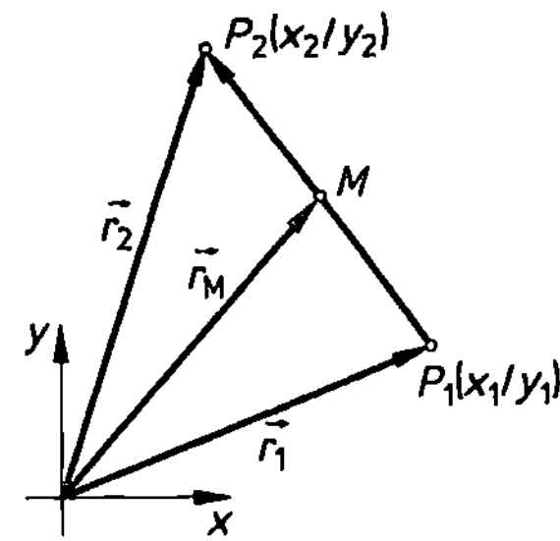

Bild 1.38
Mittige Teilung einer Strecke

Mit $\vec{r}_1 = (x_1; y_1)$ und $\vec{r}_2 = (x_2; y_2)$ folgt

$$\vec{r}_M = \tfrac{1}{2}\begin{pmatrix} x_1 + x_2 \\ y_1 + y_2 \end{pmatrix} \quad \text{und somit} \quad \boxed{M\left(\frac{x_1 + x_2}{2} \,\Big/\, \frac{y_1 + y_2}{2}\right)}.$$

2. *Nicht-mittige Teilung einer Strecke*

In einem Dreieck ABC teile ein Punkt T die Strecke BC im Verhältnis $3:2$ (Bild 1.39). Wie heißt der Vektor $\vec{t} := \overrightarrow{AT}$?

Es gilt
$$\vec{t} = \vec{c} + \tfrac{2}{5}\vec{a}\,^{1)}; \qquad \text{mit } \vec{a} = \vec{b} - \vec{c} \text{ folgt}$$

$$\vec{t} = \vec{c} + \tfrac{2}{5}(\vec{b} - \vec{c}), \quad \text{somit}$$

$$\vec{t} = \tfrac{2}{5}\vec{b} + \tfrac{3}{5}\vec{c} \qquad \text{oder auch}$$

$$\vec{t} = \frac{2\vec{b} + 3\vec{c}}{5}.$$

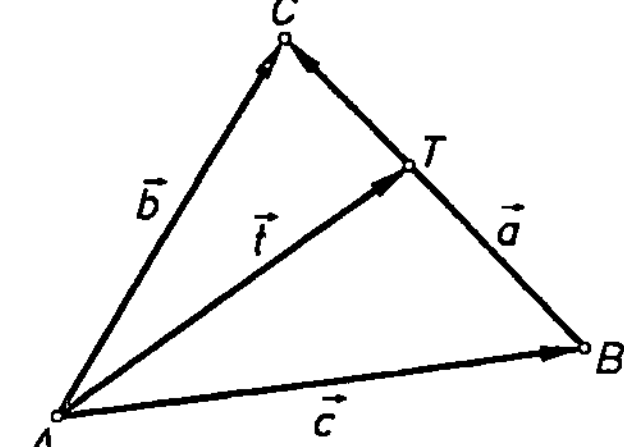

Bild 1.39
Nicht-mittige Teilung
einer Strecke

3. *Diagonalen-Schnittpunkt eines Parallelogramms*

Folgender Satz soll vektoriell bewiesen werden:

Halbieren sich die Diagonalen eines Vierecks $ABCD$, so handelt es sich um ein Parallelogramm.

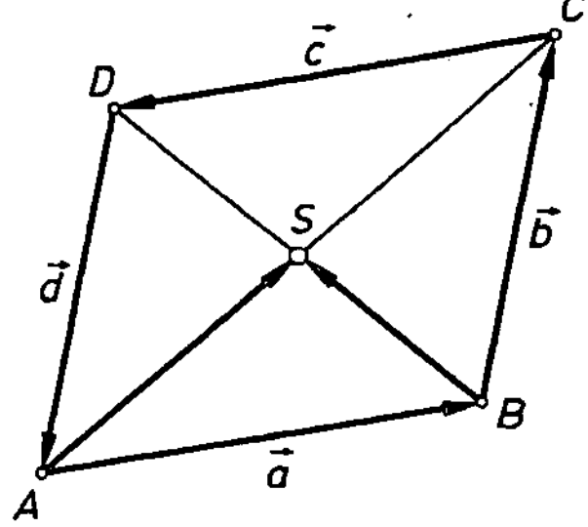

Bild 1.40

---

¹) die Orientierung der Vektoren ist frei wählbar

Gemäß Bild 1.40 gilt

$\vec{a} = \overrightarrow{AS} - \overrightarrow{BS},$ wegen der Voraussetzung des Halbierens folgt

$\vec{a} = \frac{1}{2}(\vec{a} + \vec{b}) - \frac{1}{2}(\vec{b} + \vec{c})$ oder

$\vec{a} = \frac{1}{2}\vec{a} + \frac{1}{2}\vec{b} - \frac{1}{2}\vec{b} - \frac{1}{2}\vec{c},$ zusammengefaßt

$\vec{a} = \frac{1}{2}\vec{a} - \frac{1}{2}\vec{c}$ oder durch Umstellen

$\frac{1}{2}\vec{a} = -\frac{1}{2}\vec{c}$ und somit

$\vec{a} = -\vec{c}.$

Gezeigt werden müßte noch, daß $\vec{b} = -\vec{d}$; es geschieht analog.

● *Aufgaben*

1.45 Eine durch $P_1(x_1/y_1)$ und $P_2(x_2/y_2)$ markierte Strecke wird durch einen Teilungspunkt T geteilt, und zwar im Verhältnis

a) 2:1;   b) 3:4;   c) 5:3.

Geben Sie jeweils den Ortsvektor $\vec{r}_T$ an.

1.46 Ebenso, wenn das Teilungsverhältnis allgemein $m:n$ ist, wobei $m, n \in$ IN. – Welcher Sonderfall ergibt sich für $m = n$?

1.47 (1) In einem Dreieck ABC mit $\vec{a} = \overrightarrow{BC}$, $\vec{b} = \overrightarrow{AC}$ und $\vec{c} = \overrightarrow{AB}$ teile

T_a die Strecke BC im Verhältnis 4:1 und
T_b die Strecke AC im Verhältnis 2:3.

Drücken Sie $\vec{t} := \overrightarrow{T_a T_b}$ aus durch

a) $\vec{b}$ und $\vec{c}$;   b) $\vec{a}$ und $\vec{c}$;   c) $\vec{a}$ und $\vec{b}$.

(2) Wie lautet $\vec{t}$ in Koordinatenschreibweise für ein Dreieck mit den Eckpunkten $A(0/1)$, $B(6/3)$ und $C(2/5)$?

1.48 Gegeben sei ein Viereck $ABCD$ mit $\vec{a} = \overrightarrow{AC}$ und $\vec{c} = \overrightarrow{DC}$.

Dann gilt, daß sich die gerichtete Strecke $\vec{m}$ vom Mittelpunkt der Strecke AD zum Mittelpunkt der Strecke BC ergibt zu

$$\vec{m} = \frac{1}{2}(\vec{a} + \vec{c}).$$

a) Zeigen Sie die Richtigkeit des Satzes konkret für

$A(0/2)$, $B(9/1)$, $C(7/9)$, $D(2/6)$.

b) Beweisen Sie den Satz allgemein.

1.49 Ein mathematischer Satz lautet:

Verbindet man die Seitenmitten eines beliebigen Vierecks ABCD miteinander, so entsteht ein Parallelogramm.

Weisen Sie die Richtigkeit des Satzes nach

a) konkret für $A(1/2)$,   B$(9/0)$, $C(7/8)$, $D(3/6)$;
b) allgemein.

1.50 Beweisen Sie:

In jedem Trapez ABCD gilt für die Verbindungsstrecke (= m) der Seitenmittel M_b und M_d, daß sie parallel zu den Grundseiten a = AB und c = CD verläuft und halb so lang wie deren Summe ist.

1.51   Beweisen Sie:

> *Verbindet man die Mittelpunkte zweier Dreiecksseiten miteinander, so ist diese Strecke parallel zur dritten Dreiecksseite und halb so lang wie diese.*

1.52   Zeigen Sie, daß für den Schwerpunkt S[1]) eines Dreiecks ABC gilt:

$$\vec{r}_S = \tfrac{1}{3}(\vec{r}_A + \vec{r}_B + \vec{r}_C).$$

Hinweis: Wählen Sie den Ansatz $\vec{r}_S = \vec{r}_A + \overline{AS}$.

1.53   Ein Dreieck ABC sei im Anschauungsraum festgelegt durch

$$A(1/-2/3), \quad \vec{b} = \overline{AC} = \begin{pmatrix} 3 \\ 5 \\ 1 \end{pmatrix} \quad \text{und} \quad \vec{c} = \overline{AB} = \begin{pmatrix} 6 \\ 7 \\ -1 \end{pmatrix}.$$

Bestimmen Sie die Koordinaten des Schwerpunktes S unter Zuhilfenahme der in Aufgabe 1.52 genannten Gesetzmäßigkeit.

1.3   Lineare Abhängigkeit bzw. Unabhängigkeit

1.3.1   Kollineare und nicht-kollineare Vektoren

Kollineare Vektoren: *Lineare Abhängigkeit*

Zur Erinnerung: In Definition 1.3 (siehe Abschnitt 1.1.3) werden Vektoren anschaulich als *kollinear* zueinander bezeichnet, wenn sich ihre Repräsentanten auf eine

> *die gemeinsame Richtung vorgebende Gerade*

parallel verschieben lassen.

Nach Einführung der S-Multiplikation läßt sich diese Eigenschaft präziser formulieren. Danach haben zwei Vektoren $\vec{a}$ und $\vec{b}$ die gleiche Richtung, wenn es möglich ist, einen der beiden als Vielfaches des anderen darzustellen:

$$\vec{b} = \lambda \cdot \vec{a} \quad \text{oder aber} \quad \vec{a} = \frac{1}{\lambda} \cdot \vec{b}, \quad \text{wobei } \lambda \neq 0.$$

Insoweit nichts Neues. – Für weitergehende Betrachtungen ist es sinnvoll, das Thema allgemeiner anzugehen.

Für den in Bild 1.41 dargestellten Sachverhalt *gegensinnig* orientierter kollinearer Vektoren gilt:

$$\vec{b} = -\tfrac{3}{2} \cdot \vec{a} \quad \text{oder} \quad 2\vec{b} = -3\vec{a} \quad \text{und somit} \quad 3\vec{a} + 2\vec{b} = \vec{0}$$

bzw.

$$\vec{a} = -\tfrac{2}{3} \cdot \vec{b} \quad \text{oder} \quad 3\vec{a} = -2\vec{b} \quad \text{und wieder} \quad 3\vec{a} + 2\vec{b} = \vec{0}.$$

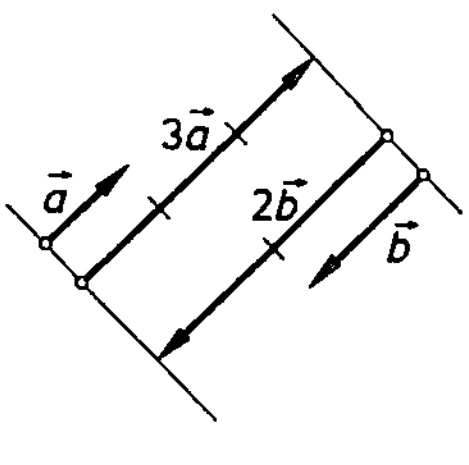

Bild 1.41
$3\vec{a} + 2\vec{b} = \vec{0}$

---

[1]) Die *Schwerelinien* (= Seitenhalbierende) eines Dreiecks schneiden sich im Verhältnis $2:1$; ihr Schnittpunkt ist der Schwerpunkt S des Dreiecks.

Die Vektorgleichung $\qquad\qquad 3\vec{a} + 2\vec{b} = \vec{0}$

hält eindrucksvoll fest, daß es sowohl möglich ist

$\vec{b}$ durch $\vec{a}$ als auch umgekehrt $\vec{a}$ durch $\vec{b}$

auszudrücken, oder anders formuliert, daß sich

$\vec{b}$ aus $\vec{a}$ *bzw.* $\vec{a}$ aus $\vec{b}$ linear kombinieren läßt.

Zusammenfassend heißt es,

$\vec{a}$ und $\vec{b}$ sind *linear abhängig*[1]) voneinander.

Für *gleichsinnig* orientierte kollineare Vektoren ändert sich vom Grundsätzlichen her nichts.
Gemäß Bild 1.42 heißt es dann z.B.

$$3\vec{a} = 2\vec{b} \quad \text{oder} \quad 3\vec{a} - 2\vec{b} = \vec{0} \quad \text{und schließlich}$$

$$3\vec{a} + (-2)\vec{b} = \vec{0}.$$

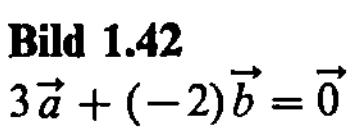

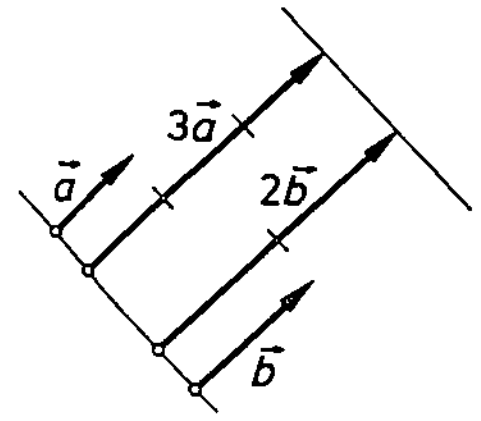

Bild 1.42
$3\vec{a} + (-2)\vec{b} = \vec{0}$

Zwecks Verallgemeinerung werden

$$3\vec{a} + 2\vec{b} = \vec{0} \quad \text{bzw.} \quad 3\vec{a} + (-2)\vec{b} = \vec{0}$$

unter Verwendung zweier reeller Zahlen α und β überführt in eine Vektorgleichung der Form

$$\alpha \cdot \vec{a} + \beta \cdot \vec{b} = \vec{0}.$$

Man sagt: Der Nullvektor ist *Linearkombination*[2]) der Vektoren $\vec{a}$ und $\vec{b}$.

Entsprechend resultiert $\quad \vec{b} = -\dfrac{\alpha}{\beta} \cdot \vec{a} \quad$ für $\beta \neq 0$.

bzw. umgekehrt $\qquad \vec{a} = -\dfrac{\beta}{\alpha} \cdot \vec{b} \quad$ für $\alpha \neq 0$.

Satz 1.3

Gegeben seien zwei Vektoren $\vec{a}$ und $\vec{b}$ mit $\vec{a}, \vec{b} \neq \vec{0}$;
ferner zwei reelle Zahlen α und β, die nicht beide 0 sind.

Gilt dann $\quad \boxed{\alpha\vec{a} + \beta\vec{b} = \vec{0}}$,

so sind $\vec{a}$ und $\vec{b}$ linear abhängig voneinander.

---

[1]) Mit diesem neu eingeführten Begriff gewinnt der algebraische Aspekt der Vektorrechnung noch
mehr Bedeutung.
Die gleichbedeutenden, mehr geometrisch orientierten Eigenschaften Kollinearität/Parallelität
werden bewußt zurückgedrängt.

[2]) Verallgemeinernd gilt, daß jeder Ausdruck der Form $\alpha_1\vec{a}_1 + \alpha_2\vec{a}_2 + \ldots + \alpha_n\vec{a}_n$ mit $\alpha_i \in \mathbb{R}$ als
Linearkombination der Vektoren $\vec{a}_1, \vec{a}_2, \ldots \vec{a}_n$ bezeichnet wird.

Beweis

a) Es gelte $\alpha\vec{a} + \beta\vec{b} = \vec{0}$ mit $\beta \neq 0$, somit folgt $\vec{b} = -\dfrac{\alpha}{\beta} \cdot \vec{a}$.

Mit $\mathbb{R} \ni \lambda^{1}) := -\dfrac{\alpha}{\beta}$ läßt sich schreiben $\vec{b} = \lambda \cdot \vec{a}$,

also ist $\vec{b}$ ein Vielfaches von $\vec{a}$.

b) Für den Fall, daß $\alpha \neq 0$, folgt entsprechend $\vec{a} = -\dfrac{\beta}{\alpha} \cdot \vec{b}$, usw.

Anmerkung

Im mathematischen Schrifttum wird der Satz weitgehender formuliert. Verankerung findet auch die Umkehrung, daß unter der Voraussetzung, $\vec{a}$ und $\vec{b}$ seien linear abhängig voneinander, auf die Linearkombination $\alpha\vec{a} + \beta\vec{b} = \vec{0}$ geschlossen werden kann.

Für Interessierte: Es ist die klassische Genau-dann-wenn-Formulierung. Entsprechend müßte der Beweis auch für die andere Richtung ($\Leftarrow$) geführt werden.

Sonderfall: **Der Nullvektor**

Er ist linear abhängig zu jedem beliebigen Vektor:

Für $\alpha = 0$ und $\beta \neq 0$ folgt $0 \cdot \vec{a} + \beta \cdot \vec{b} = \vec{0}$, also $\vec{b} = \vec{0}$.

Somit resultiert gemäß obigen Satzes, daß der Nullvektor linear abhängig (kollinear) zu $\vec{a}$ ist.

Nachweis der linearen Abhängigkeit

1. Oftmals reicht ein Hinsehen:

Die Vektoren $\vec{a} = \begin{pmatrix} 2 \\ 3 \\ -4 \end{pmatrix}$ und $\vec{b} = \begin{pmatrix} -4 \\ -6 \\ 8 \end{pmatrix}$ sind offensichtlich linear abhängig von-

einander; denn $\vec{b} = -2 \cdot \vec{a}$ bzw. $\vec{a} = -\frac{1}{2}\vec{b}$.

2. Genügt ein Hinsehen nicht, hilft nur der Rechenweg, dafür ein anderes Beispiel.

a) *λ wird berechnet:*

Für

$$\vec{a} = \begin{pmatrix} -4 \\ 6 \\ 2 \end{pmatrix} \quad \text{und} \quad \vec{b} = \begin{pmatrix} 6 \\ -9 \\ -3 \end{pmatrix} \quad \text{ergibt sich der Ansatz}$$

$$\begin{pmatrix} 6 \\ -9 \\ -3 \end{pmatrix} = \lambda \cdot \begin{pmatrix} -4 \\ 6 \\ 2 \end{pmatrix},$$

das führt auf folgendes lineares Gleichungssystem für λ:

$^{1})$ Bedeutet, daß $\lambda \in \mathbb{R}$.

$$(1) \quad 6 = -4 \cdot \lambda$$
$$(2) \quad -9 = 6 \cdot \lambda$$
$$(3) \quad -3 = 2 \cdot \lambda.$$

Wie unschwer zu erkennen ist, löst $\lambda = -1{,}5$ widerspruchsfrei alle drei Gleichungen, somit gilt

$$\vec{b} = -1{,}5\,\vec{a}.$$

Gegenbeispiel: Hieße die x-Komponente des Vektors $\vec{a}$ statt $a_x = -4$ nunmehr $a'_x = 3$, ergäben sich unterschiedliche λ-Werte. – Rechnen Sie!

Die Vektoren $\vec{a'} = (3, 6, 2)$ und $\vec{b}$ wären dann nicht linear abhängig voneinander.

b) Noch einfacher geht es mittels *Quotientenbildung* entsprechender skalarer Komponenten:

Für

$$\vec{a} = \begin{pmatrix} -4 \\ 6 \\ 2 \end{pmatrix} = \begin{pmatrix} a_x \\ a_y \\ a_z \end{pmatrix} \quad \text{und} \quad \vec{b} = \begin{pmatrix} 6 \\ -9 \\ -3 \end{pmatrix} = \begin{pmatrix} b_x \\ b_y \\ b_z \end{pmatrix} \quad .$$

ergibt sich

$$\frac{b_x}{a_x} = \frac{b_y}{a_y} = \frac{b_z}{a_z} = \ldots = -1{,}5 = \lambda,\!^1)$$

damit ist der Nachweis der linearen Abhängigkeit erbracht.

Für das angedeutete Gegenbeispiel ergäben sich dann unterschiedliche Quotienten.

c) Das allgemeingültige Verfahren basiert auf Satz 1.3:

Für das gewählte Beispiel mit

$$\vec{a} = \begin{pmatrix} -4 \\ 6 \\ 2 \end{pmatrix} \quad \text{und} \quad \vec{b} = \begin{pmatrix} 6 \\ -9 \\ -3 \end{pmatrix} \quad \text{ergibt sich zunächst die Vektorgleichung}$$

$$\alpha \cdot \begin{pmatrix} -4 \\ 6 \\ 2 \end{pmatrix} + \beta \cdot \begin{pmatrix} 6 \\ -9 \\ -2 \end{pmatrix} = \vec{0}, \qquad \text{daraus erschließt sich das folgende lineare Gleichungssystem:}$$

$$
\begin{aligned}
(1) \quad & -4\,\alpha + 6\,\beta = 0 \\
(2) \quad & 6\,\alpha - 9\,\beta = 0 \\
(3) \quad & 2\,\alpha - 3\,\beta = 0
\end{aligned}
\;\Bigg\} \Rightarrow \alpha = \tfrac{3}{2}\beta.
$$

Die drei Gleichungen sind identisch, damit steht nur eine Aussageform für die beiden Variablen α, β zur Verfügung. – Es gibt unendlich viele Lösungen!

Zur Vorgehensweise: Eine Variable ($\neq 0$) wird beliebig gewählt, die andere entsprechend errechnet.

Für z.B. $\beta = 2$ ergibt sich wegen $\alpha = \tfrac{3}{2}\beta$ schließlich $\alpha = 3$.

$^1)$ Die Begründung erfolgt weiter unten.

Die Linearkombination für den Nullvektor lautet demzufolge

$$3\vec{a} + 2\vec{b} = \vec{0} \quad \Leftrightarrow \quad \vec{b} = -1,5\vec{a}.$$

Wäre $\beta = 4$ gewählt worden, hätte sich $\alpha = 6$ ergeben; letztendlich führt es auf die gleiche Linearkombination (wieso?).

Nicht-kollineare Vektoren: *Lineare Unabhängigkeit*

Der Nachweis der linearen Abhängigkeit zweier Vektoren in Verbindung mit dem angedeuteten Gegenbeispiel sei Veranlassung, zunächst eine selbstverständlich anmutende Definition nachzuschieben:

Definition 1.11

Vektoren, die nicht linear abhängig sind, heißen linear unabhängig.

Damit dürfte klar sein, daß nicht-kollineare Vektoren linear unabhängig sind.

Welche Konsequenzen sich für die Linearkombination des Nullvektors ergeben, soll konkret aufgezeigt werden:

Die Vektoren $\vec{a} = \begin{pmatrix} 5 \\ 2 \end{pmatrix}$ und $\vec{b} = \begin{pmatrix} 1 \\ 4 \end{pmatrix}$ sind offensichtlich (wieso?) linear unabhängig.

Die Vektorgleichung $\alpha \begin{pmatrix} 5 \\ 2 \end{pmatrix} + \beta \begin{pmatrix} 1 \\ 4 \end{pmatrix} = \vec{0}$ führt auf das lineare Gleichungssystem

$$\begin{aligned}
(1) \quad & 5\alpha + 1\beta = 0 \\
(2) \quad & 2\alpha + 4\beta = 0;
\end{aligned}$$

aus (1) folgt $\qquad\qquad\qquad \beta = -5\alpha,$

eingesetzt in (2): $\qquad 2\alpha + 4(-5\alpha) = 0$

$$-18\alpha = 0$$
$$\underline{\alpha = 0.}$$

In die umgestellte Gleichung (1) eingesetzt, ergibt sich $\underline{\beta = 0}$.

Die gewünschte Linearkombination des Nullvektors ist nur möglich für den Trivialfall $\underline{\alpha = \beta = 0}$.

Somit können $\vec{a}$ und $\vec{b}$ nicht linear abhängig sein; denn das diesbezügliche Kriterium (Satz 1.3) verlangt, daß nicht beide Koeffizienten α und β zugleich 0 sind.

Die Verallgemeinerung erfolgt gemäß nachfolgendem Satz, dessen Bedeutung insbesondere bei Beweisverfahren (siehe weiter unten) zum Tragen kommt.

Satz 1.4

Sind zwei Vektoren $\vec{a}$ und $\vec{b}$ linear unabhängig und gilt die Linearkombination

$$\alpha\vec{a} + \beta\vec{b} = \vec{0},$$

dann folgt $\alpha = \beta = 0$.

Der Beweis soll *indirekt* erfolgen.

Annahme: Unter der Voraussetzung der linearen Unabhängigkeit der beiden Vektoren $\vec{a}$ und $\vec{b}$ sei die Aussage falsch.

Dann gäbe es zwei Zahlen $\alpha = \alpha'$ und $\beta = \beta'$, die nicht beide 0 wären; entsprechend hieße die Linearkombination

$$\alpha'\vec{a} + \beta'\vec{b} = \vec{0}.$$

Nach Satz 1.3 ergäbe sich die Schlußfolgerung, daß $\vec{a}$ und $\vec{b}$ linear abhängig voneinander sein müßten. – Aus diesem Widerspruch folgt die Richtigkeit der Aussage.

● *Aufgaben*

1.54 Finden Sie durch Hinsehen heraus, welche der Vektorpaare $\vec{a}$, $\vec{b}$ kollinear zueinander sind:

a) $\vec{a} = (2, -6, 4)$, $\vec{b} = (-3, 9, -6)$;   b) $\vec{a} = (1, 3, 5)$, $\vec{b} = (2, 6, 9)$;

c) $\vec{a} = (4, 8, -4)$, $\vec{b} = (-3, -6, 3)$;   d) $\vec{a} = (-1, 2, 3)$, $\vec{b} = (2, 4, 6)$.

Führen Sie dann den Nachweis
– durch *Quotientenbildung* zugehöriger Komponenten,
– mittels Ansatz $\alpha\vec{a} + \beta\vec{b} = \vec{0}$.

1.55 Bestimmen Sie die Vektor-Koordinaten so, daß $\vec{a}$ und $\vec{b}$ linear abhängig zueinander sind:

a) $\vec{a} = \begin{pmatrix} 2 \\ a \\ -3 \end{pmatrix}$, $\vec{b} = \begin{pmatrix} -5 \\ 4 \\ b \end{pmatrix}$;   b) $\vec{a} = \begin{pmatrix} a \\ 6 \\ -9 \end{pmatrix}$, $\vec{b} = \begin{pmatrix} 2 \\ b \\ -6 \end{pmatrix}$.

1.56 Die Vektoren $\vec{a}$ und $\vec{b}$ seien linear abhängig voneinander. Führen Sie den Nachweis, daß das auch gilt für den

a) Summenvektor $\vec{s} = \vec{a} + \vec{b}$;   b) Differenzvektor $\vec{d} = \vec{a} - \vec{b}$.

1.57 Weisen Sie nach, daß die Basisvektoren $\vec{e}_x = (1, 0)$ und $\vec{e}_y = (0, 1)$ linear unabhängig sind.

1.58 Bestimmen Sie für die nachfolgenden Linearkombinationen jeweils $\lambda, \mu \in \mathbb{R}$:

a) $\lambda \begin{pmatrix} -1 \\ 3 \end{pmatrix} + \mu \begin{pmatrix} -3 \\ 2 \end{pmatrix} = \begin{pmatrix} 1 \\ 4 \end{pmatrix}$;   b) $\lambda \begin{pmatrix} 2 \\ 3 \end{pmatrix} + \mu \begin{pmatrix} 1 \\ 5 \end{pmatrix} = \begin{pmatrix} 4 \\ -1 \end{pmatrix}$;

c) $\lambda \begin{pmatrix} 1 \\ 1 \end{pmatrix} + \mu \begin{pmatrix} 1 \\ 2 \end{pmatrix} = \begin{pmatrix} -2 \\ 1 \end{pmatrix}$;   d) $\lambda \begin{pmatrix} 1 \\ 2 \end{pmatrix} + \mu \begin{pmatrix} 3 \\ 4 \end{pmatrix} = \begin{pmatrix} 2 \\ 6 \end{pmatrix}$.

1.59 (1) Für jeweils welche skalare Komponente $r \in \mathbb{R}$ ist es *nicht* möglich, $\vec{c} = (3, 4)$ aus $\vec{a}$ und $\vec{b}$ zu kombinieren:

a) $\vec{a} = \begin{pmatrix} r \\ 6 \end{pmatrix}$, $\vec{b} = \begin{pmatrix} 1 \\ 3 \end{pmatrix}$;   b) $\vec{a} = \begin{pmatrix} 2 \\ r-1 \end{pmatrix}$, $\vec{b} = \begin{pmatrix} 3 \\ r \end{pmatrix}$?

(2) Geben Sie für die jeweils größtmögliche *natürliche* Zahl $n < r$ die Linearkombination an.

1.3.2   Komplanare und nicht-komplanare Vektoren

Gemäß Definition 1.4 (Abschnitt 1.1.3) heißen Vektoren *komplanar* zueinander, wenn sich ihre Repräsentanten auf eine

durch zwei nicht-kollineare Vektoren aufgespannte Ebene

parallel verschieben lassen.

Welcher Zusammenhang nun zwischen linearer Abhängigkeit und Komplanarität von Vektoren besteht, soll nachfolgend erörtert werden.

Vektoren in der Ebene als Linearkombination

Jedes Paar linear unabhängiger Vektoren des $\mathbb{R}^2$ spannt eine denkbar mögliche Ebene auf: die $\mathbb{R}^2$-Ebene selbst.

Alle Vektoren des $\mathbb{R}^2$ sind somit untereinander komplanar.

Ein Sachverhalt, fast nicht der Rede wert, wenn hieran nicht Grundsätzliches aufzuzeigen wäre:

Unter der Voraussetzung, daß $\vec{a}$ und $\vec{b}$ nicht-kollineare Vektoren sind, läßt sich der komplanare Vektor $\vec{c}$ als Linearkombination wie folgt darstellen (Bild 1.43):

$$\vec{c} = \lambda\vec{a} + \mu\vec{b}.{}^{1)}$$

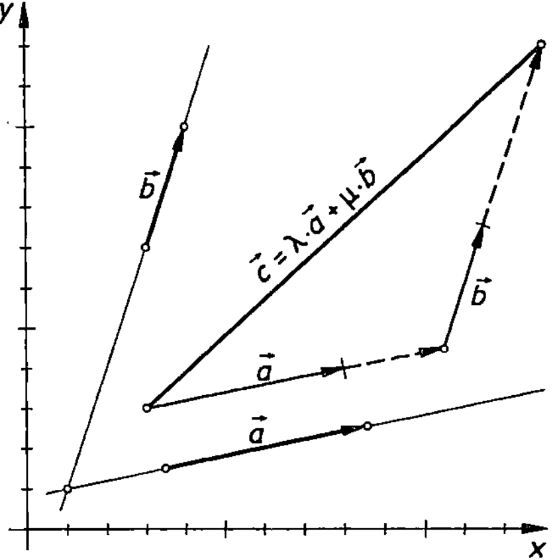

Bild 1.43
$\vec{c}$ als Linearkombination von $\vec{a}$ und $\vec{b}$
in der Ebene

Für die vorgegebenen Vektoren $\vec{a} = \begin{pmatrix} 5 \\ 1 \end{pmatrix}$ und $\vec{b} = \begin{pmatrix} 1 \\ 3 \end{pmatrix}$ heißt es dann

$$\vec{c} = \lambda\begin{pmatrix} 5 \\ 1 \end{pmatrix} + \mu\begin{pmatrix} 1 \\ 3 \end{pmatrix}.$$

Konkret ergibt sich z. B. für $\vec{c} = (10,9)$ folgende Vektorgleichung:

$$\begin{pmatrix} 10 \\ 9 \end{pmatrix} = \lambda\begin{pmatrix} 5 \\ 1 \end{pmatrix} + \mu\begin{pmatrix} 1 \\ 3 \end{pmatrix};$$

hieraus resultiert das lineare Gleichungssystem

$$\begin{aligned} (1) \quad 10 &= 5\lambda + 1\mu \\ (2) \quad 9 &= 1\lambda + 3\mu \end{aligned} \right\} \Rightarrow \lambda = \tfrac{3}{2} \quad \text{und} \quad \mu = \tfrac{5}{3}.$$

Somit läßt sich $\vec{c}$ als Linearkombination von $\vec{a}$ und $\vec{b}$ schreiben:

$$\vec{c} = \tfrac{3}{2}\vec{a} + \tfrac{5}{2}\vec{b} \qquad \text{oder}$$

$$\vec{0} = 3\vec{a} + 5\vec{b} + (-2)\vec{c} \quad \text{und schließlich allgemein}$$

$$\vec{0} = \alpha\cdot\vec{a} + \beta\cdot\vec{b} + \gamma\cdot\vec{c}$$

${}^{1)}$ Man sagt auch, $\vec{c}$ ist nach $\vec{a}$ und $\vec{b}$ zerlegt worden.

Die Schreibweise erinnert an das Kriterium für *Lineare Abhängigkeit* (vergleiche Satz 1.3), jetzt erweitert auf *drei* Vektoren.

Bemerkenswert und festzuhalten:

> **Definition 1.12**
>
> Drei Vektoren $\vec{a}$, $\vec{b}$ und $\vec{c}$ heißen komplanar, wenn sie linear abhängig voneinander sind.

Gleichbedeutend hiermit ist, daß sich in jeder (!) Ebene ein Vektor als Linearkombination der beiden anderen, zu ihm komplanaren Vektoren ergibt:

$$\alpha\vec{a} + \beta\vec{b} + \gamma\vec{c} = \vec{0}$$

$$\gamma\vec{c} = -\alpha\vec{a} - \beta\vec{b} \quad |: \gamma \neq 0$$

$$\vec{c} = -\frac{\alpha}{\gamma}\vec{a} - \frac{\beta}{\gamma}\vec{b}, \quad \text{mit} \quad \lambda := -\frac{\alpha}{\gamma} \quad \text{und} \quad \mu := -\frac{\beta}{\gamma} \quad \text{folgt}$$

$$\vec{c} = \lambda\vec{a} + \mu\vec{b}.$$

Ein nochmaliger Blick auf Bild 1.43 – das gezeichnete Koordinatensystem wegdenken! – hilft, die Allgemeingültigkeit des Sachverhaltes zu veranschaulichen.

Wesentliche Schlußfolgerungen:

1. Drei Vektoren einer Ebene sind stets linear abhängig.

2. Im $\mathbb{R}^2$ bzw. in jeder Ebene gibt es maximal 2 linear unabhängige Vektoren.

Begriff der Basis

Da sich jeder zu den linear unabhängigen Vektoren $\vec{a}$ und $\vec{b}$ komplanare Vektor (hier: $\vec{c}$) aus diesen beiden *eindeutig*[1]) erzeugen läßt, heißt es auch

$\vec{a}$ und $\vec{b}$ *sind Basisvektoren.*

In jeder Ebene bedarf es aus dargelegten Gründen jeweils genau zweier Basisvektoren. Demzufolge faßt man alle Vektoren, die in einer bestimmten Ebene liegen, jeweils zu einer Menge zusammen.

Diese verschiedenen Mengen bezeichnet man als 2-dimensionale *Vektorräume*[2]).

Sonderfall: **Koordinatenschreibweise der $\mathbb{R}^2$-Vektoren**

Wählt man als Vektorbasis nicht zwei beliebige Vektoren $\vec{a}$ und $\vec{b}$, sondern die längst bekannten linear unabhängigen *Einheitsvektoren*[3])

$$\vec{e}_x := \begin{pmatrix} 1 \\ 0 \end{pmatrix} \quad \text{und} \quad \vec{e}_y := \begin{pmatrix} 0 \\ 1 \end{pmatrix},$$

ergibt sich die gewünschte Abrundung:

---

[1]) Müßte bewiesen werden, was hier jedoch nicht erfolgen soll.

[2]) Mehr über Vektorräume steht in Kapitel 1.5

[3]) Man bezeichnet sie auch als *orthonormierte* Basisvektoren.

Statt $\vec{c} = \lambda \cdot \vec{a} + \mu \cdot \vec{b}$ heißt es nun

$$\vec{c} = c_x \begin{pmatrix} 1 \\ 0 \end{pmatrix} + c_y \begin{pmatrix} 0 \\ 1 \end{pmatrix}$$ oder

$$\vec{c} = \begin{pmatrix} c_x \\ c_y \end{pmatrix}.$$

Zur Erinnerung:
c_x und c_y sind die skalaren Komponenten bzw. die Koordinaten des Vektors $\vec{c}$.

Vektoren im Raum als Linearkombination

Die bisherigen Überlegungen sind auf den Raum übertragbar.

Aber *Vorsicht*:

Aus der linearen Unabhängigkeit zweier Vektoren läßt sich im Gegensatz zum $\mathrm{I\!R}^2$ im $\mathrm{I\!R}^3$ *nicht* auf die Komplanarität dreier Vektoren schließen.

Hier muß in jedem Einzelfall die Komplanarität nachgeprüft werden. Es geschieht auf der Basis des fortgeschriebenen Satzes 1.3, der nun als *Komplanaritätsbedingung* allgemein wie folgt lautet:

Satz 1.5

Gegeben seien drei Vektoren $\vec{a}$, $\vec{b}$ und $\vec{c}$ mit $\vec{a}, \vec{b}, \vec{c} \neq \vec{0}$; ferner drei reelle Zahlen α, β und γ, die nicht alle 0 sind.

Gilt dann

$$\alpha\vec{a} + \beta\vec{b} + \gamma\vec{c} = \vec{0},$$

so sind $\vec{a}$, $\vec{b}$ und $\vec{c}$ komplanar zueinander.

Zwei Beispiele mögen seine „Griffigkeit" zeigen.

▶ *Beispiel 1:*

Die Vektoren $\vec{a} = \begin{pmatrix} 1 \\ 3 \\ 2 \end{pmatrix}$, $\vec{b} = \begin{pmatrix} 2 \\ 1 \\ -1 \end{pmatrix}$ und $\vec{c} = \begin{pmatrix} -4 \\ 3 \\ 7 \end{pmatrix}$ sind komplanar

Nachweis

Die Vektorgleichung $\alpha \begin{pmatrix} 1 \\ 3 \\ 2 \end{pmatrix} + \beta \begin{pmatrix} 2 \\ 1 \\ -1 \end{pmatrix} + \gamma \begin{pmatrix} -4 \\ 3 \\ 7 \end{pmatrix} = \vec{0}$

führt auf das lineare Gleichungssystem

$$\begin{aligned}
(1) \quad & 1\,\alpha + 2\,\beta - 4\,\gamma = 0 \\
(2) \quad & 3\,\alpha + 1\,\beta + 3\,\gamma = 0 \\
(3) \quad & 2\,\alpha - 1\,\beta + 7\,\gamma = 0.
\end{aligned}$$

Addition von (2) und (3):

$$\begin{aligned}
(2) \quad & 3\,\alpha + \beta + 3\,\gamma = 0 \\
(3) \quad & 2\,\alpha - \beta + 7\,\gamma = 0 \quad | + \\
\hline
& 5\,\alpha \quad\;\; + 10\,\gamma = 0 \quad | : 2 \\
& \alpha \quad\;\; + 2\,\gamma = 0 \\
& \underline{\alpha = -2\,\gamma}
\end{aligned}$$

Addition von (1) mit dem (-2)-fachen von (2):

$$\begin{aligned}
(1) \quad & \alpha + 2\,\beta - 4\,\gamma = 0 \\
(2) \quad & -6\,\alpha - 2\,\beta - 6\,\gamma = 0 \quad | + \\
\hline
& -5\,\alpha \quad\; - 10\,\gamma = 0 \quad | : (-2) \\
& \alpha \quad\;\; + 2\,\gamma = 0 \\
& \underline{\alpha = -2\,\gamma}
\end{aligned}$$

Die beiden übriggebliebenen Gleichungen sind identisch, letztendlich steht damit – wie angegeben – nur eine Aussageform für die beiden Variablen α und γ zur Verfügung. – Es gibt unendlich viele Lösungen!

Zur Vorgehensweise: Eine Variable ($\neq 0$) wird beliebig gewählt, die andere entsprechend errechnet.

Mit z.B. $\gamma = -1$ ergibt sich wegen $\alpha = -2\gamma$ für $\alpha = 2$ und durch Einsetzen in eine der Gleichungen (1), (2) oder (3) schließlich $\beta = -3$.

Die Linearkombination für den Nullvektor lautet demzufolge

$$2\vec{a} - 3\vec{b} - 1\vec{c} = \vec{0},$$

entsprechend zeigt sich mit $\qquad \vec{c} = 2\vec{a} + (-3)\vec{b}$

die für komplanare Vektoren typische Linearkombination.

▶ *Beispiel 2:*

Die Vektoren $\vec{a} = \begin{pmatrix} 1 \\ 3 \\ 2 \end{pmatrix}$, $\vec{b} = \begin{pmatrix} 2 \\ 1 \\ -1 \end{pmatrix}$ und $\vec{c} = \begin{pmatrix} -5 \\ 3 \\ 7 \end{pmatrix}$ sind *nicht* komplanar.

Nachweis

Die Vektorgleichung $\qquad \alpha\begin{pmatrix} 1 \\ 3 \\ 2 \end{pmatrix} + \beta\begin{pmatrix} 2 \\ 1 \\ -1 \end{pmatrix} + \gamma\begin{pmatrix} -5 \\ 3 \\ 7 \end{pmatrix} = \vec{0}$

führt auf das lineare Gleichungssystem

$$
\begin{aligned}
&(1) \quad 1\alpha + 2\beta - 5\gamma = 0 \\
&(2) \quad 3\alpha + 1\beta + 3\gamma = 0 \\
&(3) \quad 2\alpha - 1\beta + 7\gamma = 0.
\end{aligned}
$$

Addition von (2) und (3):

$$
\begin{aligned}
&(2) \quad 3\alpha + \beta + 3\gamma = 0 \\
&(3) \quad 2\alpha - \beta + 7\gamma = 0 \quad |+ \\
&\overline{\qquad 5\alpha \quad + 10\gamma = 0}
\end{aligned}
$$

Addition von (1) mit dem (-2)-fachen von (2):

$$
\begin{aligned}
&(1) \quad 1\alpha + 2\beta - 5\gamma = 0 \\
&(2) \quad -6\alpha - 2\beta - 6\gamma = 0 \quad |+ \\
&\overline{\qquad -5\alpha \quad - 11\gamma = 0}
\end{aligned}
$$

Neues Gleichungssystem für 2 Variable:

$$
\begin{aligned}
\text{I} \quad & 5\alpha + 10\gamma = 0 \\
\text{II} \quad & -5\alpha - 11\gamma = 0 \quad |+ \\
&\overline{\quad\Rightarrow \underline{\gamma = 0};} \qquad \text{eingesetzt in I oder II liefert } \underline{\alpha = 0}.
\end{aligned}
$$

Nochmaliges Einsetzen, z.B. in (2): $3 \cdot 0 + \beta + 3 \cdot 0 = 0 \Rightarrow \underline{\beta = 0}$.

Schlußfolgerung: Die drei Vektoren $\vec{a}$, $\vec{b}$ und $\vec{c}$ sind nicht komplanar.

Diese Triviallösung kommt bekannt vor (siehe Satz 1.4), entsprechend läßt sich das *Komplanaritätskriterium* sinnvoll wie folgt ergänzen:

Satz 1.6

Sind die Vektoren $\vec{a}$, $\vec{b}$ und $\vec{c}$ *nicht komplanar* und gilt die Linearkombination

$$\alpha\vec{a} + \beta\vec{b} + \gamma\vec{c} = \vec{0},$$

dann folgt $\alpha = \beta = \gamma = 0$.

Gleichbedeutend hiermit die Feststellung:

| Drei linear unabhängige Vektoren sind nicht komplanar.

Geometrisch anschaulich heißt es, daß sie einem Raum aufspannen (Bild 1.44).

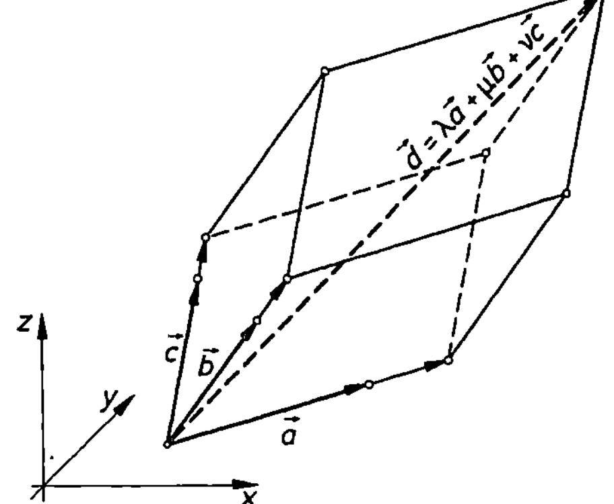

Bild 1.44
$\vec{d}$ als Linearkombination von $\vec{a}$, $\vec{b}$ und $\vec{c}$
im Raum

Die Überlegungen zur *Linearkombination von Vektoren* in der *Ebene* fortschreibend, kann das wiederum nur folgendes heißen:

| Vier Vektoren im *Raum* sind stets linear abhängig.

Entsprechend heißt die Linearkombination für den *Nullvektor*

$$\alpha\vec{a} + \beta\vec{b} + \gamma\vec{c} + \delta\vec{d} = \vec{0}, \qquad \text{daraus folgt}$$

$$\delta\vec{d} = -\alpha\vec{a} - \beta\vec{b} - \gamma\vec{c} \quad |: \delta \neq 0$$

$$\vec{d} = -\frac{\alpha}{\delta}\vec{a} - \frac{\beta}{\delta}\vec{b} - \frac{\gamma}{\delta}\vec{c}; \quad \text{mit } \lambda := -\frac{\alpha}{\delta},\ \mu := -\frac{\beta}{\delta},\ \nu^{1)} := -\frac{\gamma}{\delta} \text{ folgt}$$

$$\vec{d} = \lambda\vec{a} + \mu\vec{b} + \nu\vec{c}.$$

Ein nochmaliger Blick auf Bild 1.44 hilft zur Veranschaulichung.

Schlußfolgerungen:

1. Jeder Vektor des Raumes läßt sich als Linearkombination dreier nicht-komplanarer Vektoren darstellen.

2. Im $\mathbb{R}^3$ gibt es maximal 3 linear unabhängige Vektoren.

3. Die Zerlegungseindeutigkeit ist gegeben[2]).

Basisvektoren

Da sich jeder in dem von $\vec{a}$, $\vec{b}$ und $\vec{c}$ aufgespannten Raum befindliche Vektor (hier: $\vec{d}$) aus diesen dreien erzeugen läßt, heißt es auch:

$\vec{a}$, $\vec{b}$ und $\vec{c}$ *sind Basisvektoren.*

---

[1]) Der griech. Buchstabe ν (gelesen: nü) steht für das lateinische n

[2]) Der Beweis erfolgt analog zur Beweisführung des Satzes 1.5

Demzufolge macht es Sinn, unseren Anschauungsraum einen 3-dimensionalen *Vektorraum* zu nennen. – Daß es noch andere 3-dimensionale Vektorräume gibt, sei hier nur am Rande erwähnt.

Sonderfall: **Koordinatenschreibweise der $\mathbb{R}^3$-Vektoren**

Wählt man als Vektorbasis nicht drei beliebige Vektoren $\vec{a}$, $\vec{b}$ und $\vec{c}$, sondern die längst bekannten linear unabhängigen Einheitsvektoren

$$\vec{e}_x := \begin{pmatrix} 1 \\ 0 \\ 0 \end{pmatrix}, \quad \vec{e}_y := \begin{pmatrix} 0 \\ 1 \\ 0 \end{pmatrix} \quad \text{und} \quad \vec{e}_z := \begin{pmatrix} 0 \\ 0 \\ 1 \end{pmatrix},$$

ergibt sich wiederum die gewünschte Abrundung:

Statt $\quad \vec{d} = \lambda \cdot \vec{a} + \mu \cdot \vec{b} + v \cdot \vec{c} \qquad$ heißt es nun

$$\vec{d} = d_x \cdot \begin{pmatrix} 1 \\ 0 \\ 0 \end{pmatrix} + d_y \cdot \begin{pmatrix} 0 \\ 1 \\ 0 \end{pmatrix} + d_z \cdot \begin{pmatrix} 0 \\ 0 \\ 1 \end{pmatrix} \qquad \text{oder}$$

$$\vec{d} = \begin{pmatrix} d_x \\ d_y \\ d_z \end{pmatrix}.$$

> Zur Erinnerung:
> d_x, d_y und d_z sind die skalaren Komponenten bzw. Koordinaten des Vektors $\vec{d}$.

Noch einmal: *Kollinearitätsnachweis*

Vorgeführt wurde u.a. das sehr einfache Verfahren, mittels *Quotientenbildung* zugehöriger skalarer Komponenten nachzuweisen, ob zwei Vektoren linear abhängig oder unabhängig sind.

Mit dem jetzigen Wissen um die Zusammenhänge ist es ein Leichtes, die Vorgehensweise zu begründen:

Für zwei Vektoren $\vec{a} = \begin{pmatrix} a_x \\ a_y \\ a_z \end{pmatrix}$ und $\vec{b} = \begin{pmatrix} b_x \\ b_y \\ b_z \end{pmatrix}$ gilt bei Kollinearität $\begin{pmatrix} b_x \\ b_y \\ b_z \end{pmatrix} = \lambda \begin{pmatrix} a_x \\ a_y \\ a_z \end{pmatrix}$;

unter Verwendung der Einheitsvektoren läßt sich schreiben

$$b_x \cdot \vec{e}_x + b_y \cdot \vec{e}_y + b_z \cdot \vec{e}_z = \lambda(a_x \cdot \vec{e}_x + a_y \cdot \vec{e}_y + a_z \cdot \vec{e}_z) \quad \text{oder}$$
$$= \lambda a_x \cdot \vec{e}_x + \lambda a_y \cdot \vec{e}_y + \lambda a_z \cdot \vec{e}_z,$$

umgestellt folgt

$$(b_x - \lambda a_x)\vec{e}_x + (b_y - \lambda a_y)\vec{e}_y + (b_z - \lambda a_z)\vec{e}_z = \vec{0};$$

da die drei *Basisvektoren* linear unabhängig sind, resultiert gemäß Satz 1.4/1.6

$$b_x - \lambda a_x = 0 \iff b_x = \lambda a_x \iff \lambda = \frac{b_x}{a_x},$$

$$b_y - \lambda a_y = 0 \;\Leftrightarrow\; b_y = \lambda a_y \;\Leftrightarrow\; \lambda = \frac{b_y}{a_y},$$

$$b_z - \lambda a_z = 0 \;\Leftrightarrow\; b_z = \lambda a_z \;\Leftrightarrow\; \lambda = \frac{b_z}{a_z}.$$

Ausblick

Die Überlegungen zur *Linearen Unabhängigkeit* lassen sich fortschreiben:

– 4 linear unabhängige Vektoren spannen einen 4-dimensionalen Raum auf, entsprechend markieren die Einheitsvektoren

$$\vec{e}_1 := (1,0,0,0),\; \vec{e}_2 := (0,1,0,0),\; \vec{e}_3 := (0,0,1,0) \text{ und } \vec{e}_4 := (0,0,0,1) \qquad \text{den } \mathbb{R}^4;$$

– 5 linear unabhängige Vektoren spannen einen 5-dimensionalen Raum auf und bilden als Spezialfall den $\mathbb{R}^5$, usw.

Allgemein spricht man von n-dimensionalen Vektorräumen bzw. speziell vom $\mathbb{R}^n$.

Daß das alles räumlich nicht mehr vorstellbar ist, bleibt letztendlich unerheblich; entscheidend ist, daß mit diesen mathematischen Strukturen gerechnet werden kann.

Spektakuläre Beispiele dafür sind

– die *Relativitätstheorie:* Zeit als 4. Dimension[1]);
– mathematische Atommodelle: 6-, 10- oder sogar 26-dimensional.[2])

● **Aufgaben**

1.60 Prüfen Sie die Komplanarität der Vektoren $\vec{a}$, $\vec{b}$ und $\vec{c}$:

a) $\vec{a} = \begin{pmatrix} 4 \\ 2 \\ 1 \end{pmatrix}$, $\vec{b} = \begin{pmatrix} 2 \\ 1 \\ -3 \end{pmatrix}$, $\vec{c} = \begin{pmatrix} 2 \\ 1 \\ -2 \end{pmatrix}$; b) $\vec{a} = \begin{pmatrix} -1 \\ -1 \\ 4 \end{pmatrix}$, $\vec{b} = \begin{pmatrix} 1 \\ -1 \\ 1 \end{pmatrix}$, $\vec{c} = \begin{pmatrix} 2 \\ 0 \\ -3 \end{pmatrix}$;

c) $\vec{a} = \begin{pmatrix} 0 \\ 2 \\ 1 \end{pmatrix}$, $\vec{b} = \begin{pmatrix} 2 \\ 1 \\ 1 \end{pmatrix}$, $\vec{c} = \begin{pmatrix} 2 \\ 5 \\ 3 \end{pmatrix}$; d) $\vec{a} = \begin{pmatrix} 3 \\ 2 \\ 4 \end{pmatrix}$, $\vec{b} = \begin{pmatrix} 1 \\ -2 \\ 3 \end{pmatrix}$, $\vec{c} = \begin{pmatrix} -1 \\ 2 \\ 5 \end{pmatrix}$.

1.61 Durch $\vec{a} = \begin{pmatrix} 1 \\ 1 \\ 2 \end{pmatrix}$ und $\vec{b} = \begin{pmatrix} 1 \\ 2 \\ 2 \end{pmatrix}$ wird eine Ebene E aufgespannt. Prüfen Sie rechnerisch, ob die folgenden Vektoren in E liegen:

a) $\vec{c} = (-2, 1, -4)$; b) $\vec{d} = (-3, 4, 2)$.

1.62 Bestimmen sie für die nachfolgenden Linearkombinationen jeweils $\lambda, \mu, \nu \in \mathbb{R}$:

a) $\lambda \begin{pmatrix} -2 \\ 5 \\ 1 \end{pmatrix} + \mu \begin{pmatrix} 3 \\ 2 \\ 2 \end{pmatrix} + \nu \begin{pmatrix} 4 \\ 1 \\ 2 \end{pmatrix} = \begin{pmatrix} 5 \\ 3 \\ 3 \end{pmatrix}$;

---

[1]) Im 4-dimensionalen Raum (= Raumzeit) sind dessen Punkte durch Ort und Zeit festgelegt.
[2]) sog. *String*-Theorie: Ein physikalisch-mathematisches Gedankenmodell, bei dem angestrebt wird, die allgemeine Relativitätstheorie *Einstein*'s mit der *Planck*'schen Quantenmechanik widerspruchsfrei zu verknüpfen.

b) $\lambda \begin{pmatrix} 2 \\ -1 \\ -1 \end{pmatrix} + \mu \begin{pmatrix} -3 \\ 4 \\ 1 \end{pmatrix} + \nu \begin{pmatrix} 2 \\ 3 \\ 2 \end{pmatrix} = \begin{pmatrix} 3 \\ 4 \\ 5 \end{pmatrix};$

c) $\lambda \begin{pmatrix} 3 \\ 2 \\ 3 \end{pmatrix} + \mu \begin{pmatrix} 3 \\ 4 \\ 5 \end{pmatrix} + \nu \begin{pmatrix} 3 \\ -2 \\ -4 \end{pmatrix} = \begin{pmatrix} -3 \\ 1 \\ 3 \end{pmatrix};$

d) $\lambda \begin{pmatrix} 5 \\ 2 \\ 2 \end{pmatrix} + \mu \begin{pmatrix} -2 \\ 3 \\ -2 \end{pmatrix} + \nu \begin{pmatrix} -3 \\ -2 \\ 2 \end{pmatrix} = \begin{pmatrix} -2 \\ 1 \\ 6 \end{pmatrix};$

e) $\lambda \begin{pmatrix} -2 \\ 1 \\ 2 \end{pmatrix} + \mu \begin{pmatrix} 2 \\ 5 \\ 4 \end{pmatrix} + \nu \begin{pmatrix} 2 \\ -1 \\ 2 \end{pmatrix} = \begin{pmatrix} -2 \\ 1 \\ 4 \end{pmatrix};$

f) $\lambda \begin{pmatrix} 6 \\ -2 \\ 4 \end{pmatrix} + \mu \begin{pmatrix} -2 \\ 3 \\ 5 \end{pmatrix} + \nu \begin{pmatrix} 3 \\ 2 \\ 2 \end{pmatrix} = \begin{pmatrix} -9 \\ 3 \\ -6 \end{pmatrix}.$

1.63 Beweisen Sie die Eindeutigkeit der Linearkombination $\vec{v} = v_x\vec{e}_x + v_y\vec{e}_y + v_z\vec{e}_z$.

* 1.3.3 Lineare Unabhängigkeit als Beweismittel in der Geometrie

Bedeutsam ist die Anwendung der Sätze 1.4 oder 1.6 bei der Herleitung von Gesetzmäßigkeiten bzw. beim Beweisen wichtiger Sätze, in beiden Fällen geometrische Teilungsverhältnisse betreffend.

Exemplarisch zum Nachempfinden der Beweis folgenden Satzes:

In einem Parallelogramm halbieren die Diagonalen einander.

Gemäß Bild 1.45 gilt:

$$\vec{a} = \lambda(\vec{a} + \vec{b}) - \mu(\vec{b} + \vec{c}) \qquad \text{oder}$$
$$\vec{a} = \lambda\vec{a} + \lambda\vec{b} - \mu\vec{b} - \mu\vec{c},$$

wegen $\vec{c} = -\vec{a}$ (wieso?) folgt

$$\vec{a} = \lambda\vec{a} + \lambda\vec{b} - \mu\vec{b} + \mu\vec{a} \qquad \text{oder}$$
$$\vec{0} = -\vec{a} + \lambda\vec{a} + \mu\vec{a} + \lambda\vec{b} - \mu\vec{b} \qquad \text{und schließlich}$$
$$\vec{0} = (\lambda + \mu - 1)\vec{a} + (\lambda - \mu)\vec{b}.$$

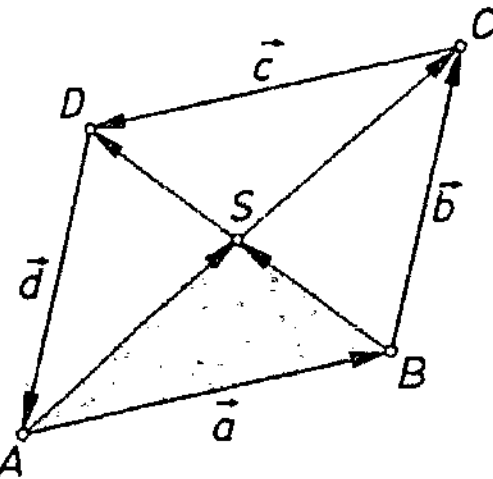

Bild 1.45

Nun die entscheidende Überlegung, die beispielhaft ist für alle Beweise dieser Art:

Da die Vektoren $\vec{a}$ und $\vec{b}$ linear unabhängig sind, kann die Linearkombination des Nullvektors nur richtig sein ($\rightarrow$ Satz 1.4), wenn gilt:

$$\lambda + \mu - 1 = 0 \quad \text{und} \quad \lambda + \mu = 1.$$

Die Lösung dieses linearen Gleichungssystems ergibt $\lambda = \mu = \frac{1}{2}$.

Grundsätzliches Vorgehen:

1. In der Skizze den Polygonzug (z.B. Dreieck) so auswählen, daß er – wichtig! – den maßgeblichen Teilungspunkt enthält.

2. Vektorgleichung entsprechend willkürlich festgelegter Orientierung der Vektoren aufstellen, und zwar so, daß die das Teilungsverhältnis beschreibenden Koeffizienten λ, μ, ... vorkommen.

3. Vektorgleichung so umstellen, daß sich für den Nullvektor eine Linearkombination zweier (oder dreier) linear unabhängiger Vektoren ergibt.

4. Satz 1.4 bzw. Satz 1.6 anwenden und das sich für λ, μ, ... ergebende lineare Gleichungssystem lösen.

● *Aufgaben*

1.64 In nebenstehendem Parallelogramm (Bild 1.46) teilt E die Strecke BC im Verhältnis

    a) $1:1$,   c) $1:3$.   b) $1:2$,

In welchem Verhältnis teilt dann jeweils T die Diagonale BD?

Hinweis: Wählen Sie den Ansatz $\vec{a} = \lambda\overrightarrow{AE} + \mu\overrightarrow{DB}$.

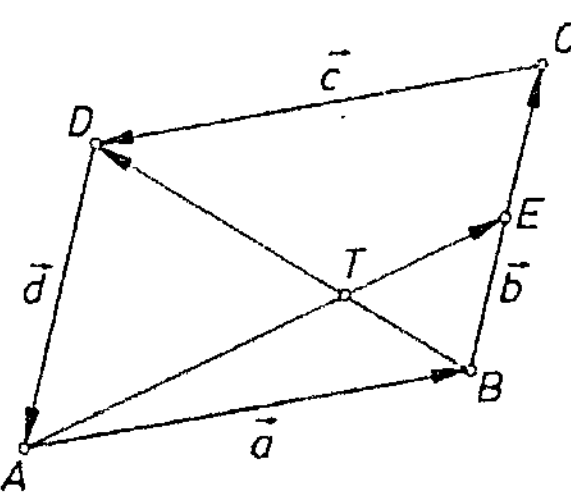

Bild 1.46

1.65 Im abgebildeten Trapez (Bild 1.47) ist die große Grundseite AB doppelt so lang wie die kleine Grundseite CD.

In welchem Verhältnis schneiden sich die beiden Diagonalen $\vec{e} = \overrightarrow{AC}$ und $\vec{f} = \overrightarrow{BD}$?

Hinweis: Wählen Sie den Ansatz $\vec{a} = \lambda\vec{e} - \mu\vec{f}$.

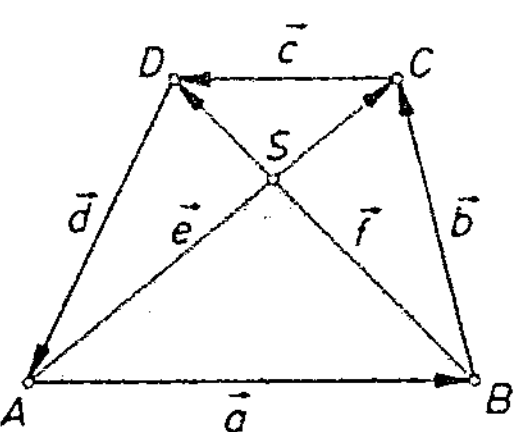

Bild 1.47

1.66 Wie ändert sich bei einem Trapez das durch den Diagonalenschnittpunkt verursachte Teilungsverhältnis der Diagonalen, wenn die kleine Grundseite das $1/k$-fache $(k \in \mathbb{N})$ der großen Grundseite ist? – Welcher Sonderfall ergibt sich für $k = 1$?

1.67 Im nebenstehenden Dreieck (Bild 1.48) werden die Strecken a und b durch die Punkte D und E jeweils im Verhältnis $1:2$ geteilt.

In welchem Verhältnis teilt T die Strecke AD bzw. BE?

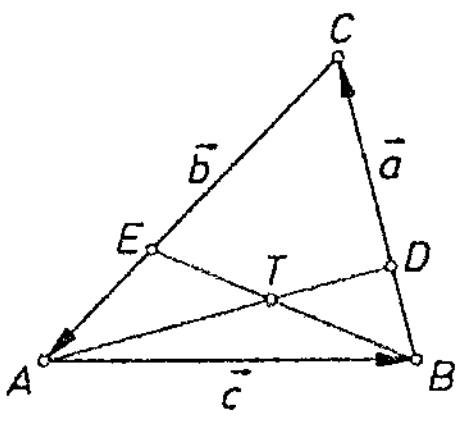

1.68 *Ebenso,* wenn

      D die Strecke BC im Verhältnis $1:1$ und
      E die Strecke AC im Verhältnis $2:3$ teilt.

Bild 1.48

1.69 Beweisen Sie:

Die Schwerelinien (= Seitenhalbierenden) eines Dreiecks teilen sich im Verhältnis 2:1.

1.70 In einem Würfel (Bild 1.49) teilt S die Würfelkante QR im Verhältnis

    a) $1:1$,   b) $1:2$,   c) $1:3$.

In jeweils welchem Verhältnis (Teilpunkt T) wird die Raumdiagonale d von der Verbindungsstrecke PS geteilt?

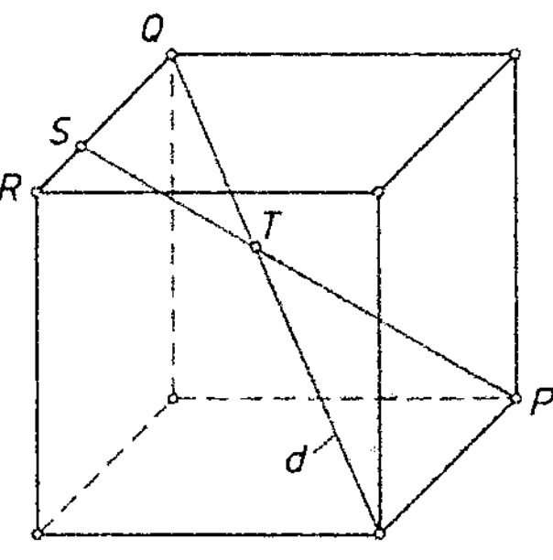

**Bild 1.49

1.71   Beweisen Sie:

> *Die Schwerelinien eines regelmäßigen Tetraeders teilen sich im Verhältnis 3 : 1.*
>
> *Hinweis:* Die Schwerelinie geht jeweils vom Schwerpunkt einer Dreiecksfläche zum gegenüberliegenden Tetraeder-Eckpunkt.

1.4   Lineare Gleichungssysteme

1.4.1   Grundlegendes

Die Ausführungen zur linearen Abhängigkeit bzw. Unabhängigkeit von Vektoren haben gezeigt, daß es zum entsprechenden Nachweis immer erforderlich ist, ein *Lineares Gleichungssystem* (abgekürzt: *LGS*) aufzustellen und zu lösen.

Daß die Lösungsstrategie generell darin besteht, ein LGS mit mehreren Variablen in Stufen zurückzuführen auf eine Aussageform mit nur noch einer Variablen, bedarf kaum noch der Erwähnung.

Daß es dabei erlaubt ist,

- ggf. vorab die Reihenfolge der einzelnen Gleichungen zu verändern,
- jede Gleichung bedarfsgerecht äquivalent umzuformen,
- eine Gleichung durch die Summe oder die Differenz dieser und einer anderen Gleichung zu ersetzen,

ist mehrfach praktiziert worden und erfordert ebenfalls keine weiteren Ausführungen.

In diesem Kapitel soll es darum gehen, die vektorielle Bedeutung der LGS'e herauszustellen und insbesondere

> *Aussagen über die Lösbarkeit*

zu erarbeiten.

Folgende Einschränkungen werden dabei in diesem Rahmen für sinnvoll erachtet:

1. Die Überlegungen erfolgen exemplarisch nur an LGS'en mit 2 und 3 Variablen.
2. Die LGS'e sollen *quadratisch* sein, d. h.
   die Anzahl der Variablen ist gleich der Anzahl der Gleichungen.

Soviel noch vorab zu den unter (2) ausgeschlossenen Fällen:

a) Anzahl der Gleichungen < Anzahl der Variablen
   (*unterbestimmte* Systeme)

   Es ergeben sich unendlich viele Lösungen.

   Daß auch quadratische Systeme unterbestimmt sein können, bedarf weiter unten der Vertiefung. – Die Lösungsstrategie für solche Fälle (lineare Abhängigkeit) war in Kapitel 1.3 mehrfach gefordert.

b) Anzahl der Gleichungen > Anzahl der Variablen[1]
   (*überbestimmte* Systeme)

   Vorgehensweise: Zunächst werden die überzähligen Gleichungen weggelassen und das verbleibende quadratische LGS wird wie gewohnt gelöst.

---

[1] siehe später: Abschnitt 2.1.3

Existiert eine Lösung, muß geprüft werden, ob sie auch für die weggelassenen Gleichungen gilt.

Existiert keine Lösung, so gilt das auch für das gesamte System.

Vektorieller Hintergrund für LGS'e

$$\text{Das LGS} \quad \begin{array}{ll} (1) & 4x - 3y + 5z = -3 \\ (2) & -2x + y - 3z = 5 \\ (3) & 3x - 5y + 3z = 9 \end{array}$$

fordert auf, die Variablen x, y und z rechnerisch zu ermitteln. Als Tripel geschrieben, ergibt sich allgemein die Lösungsmenge $L = \{(x, y, z)\}$, wobei $(x, y, z) \in \mathbb{R}^3$.

Soweit nichts Neues. – Neu ist, daß sich die drei Gleichungen mittels Vektorgleichung kürzer wie folgt darstellen lassen:

$$x \cdot \begin{pmatrix} 4 \\ -2 \\ 3 \end{pmatrix} + y \cdot \begin{pmatrix} -3 \\ 1 \\ -5 \end{pmatrix} + z \cdot \begin{pmatrix} 5 \\ -3 \\ 3 \end{pmatrix} = \begin{pmatrix} -3 \\ 5 \\ 9 \end{pmatrix}.$$

Da die Variablen x, y und z reelle Zahlen sind, kann mit der Setzung

$$\lambda := x, \quad \mu := y \quad \text{und} \quad \nu := z$$

der Brückenschlag zu Bekanntem erfolgen:

$$\lambda \begin{pmatrix} 4 \\ -2 \\ 3 \end{pmatrix} + \mu \begin{pmatrix} -3 \\ 1 \\ -5 \end{pmatrix} + \nu \begin{pmatrix} 5 \\ -3 \\ 3 \end{pmatrix} = \begin{pmatrix} -3 \\ 5 \\ 9 \end{pmatrix}.$$

Die Lösung $x = \lambda = 2$, $y = \mu = -3$, $z = \nu = -4$ (bitte nachrechnen!) führt auf

$$2 \cdot \begin{pmatrix} 4 \\ -2 \\ 3 \end{pmatrix} + (-3) \cdot \begin{pmatrix} -3 \\ 1 \\ -5 \end{pmatrix} + (-4) \cdot \begin{pmatrix} 5 \\ -3 \\ 3 \end{pmatrix} = \begin{pmatrix} -3 \\ 5 \\ 9 \end{pmatrix}$$

und unterstreicht Eindrucksvolles:

Die nicht-komplanaren (bitte nachprüfen!) *Koeffizienten-Vektoren*

$$\vec{a}_1 = \begin{pmatrix} 4 \\ -2 \\ 3 \end{pmatrix}, \quad \vec{a}_2 = \begin{pmatrix} -3 \\ 1 \\ -5 \end{pmatrix}, \quad \vec{a}_3 = \begin{pmatrix} 5 \\ -3 \\ 3 \end{pmatrix}^{1)}$$

bilden eine Linearkombination für den Vektor $\vec{k} = \begin{pmatrix} 5 \\ -3 \\ 3 \end{pmatrix}$, der auch *Konstantenvektor* genannt wird.

Geometrisch anschaulich (siehe dazu Bild 1.44 in Abschnitt 1.3.3) bedeutet es, daß

$\vec{k}$ in dem von $\vec{a}_1$, $\vec{a}_2$ und $\vec{a}_3$ aufgespannten Raum liegt,

---

[1] Daß es sinnvoll ist, die Vektoren jetzt mit $\vec{a}_1, \vec{a}_2, \vec{a}_3$ zu bezeichnen, erschließt sich in Abschnitt 1.4.3.

also

$$x\vec{a}_1 + y\vec{a}_2 + z\vec{a}_3 = \vec{k}.$$

Homogene und inhomogene Gleichungssysteme

Bevor die eigentliche Thematik – *Lösbarkeit* – angegangen wird, noch zwei neue Begriffe:

Das LGS heißt

– *inhomogen*, wenn der Konstantenvektor $\vec{k} \neq \vec{0}$ (siehe Beispiel),
– *homogen*,   wenn der Konstantenvektor $\vec{k} = \vec{0}$ ist.

1.4.2 Lösbarkeit quadratischer LGS'e

Homogenes LGS

Die grundsätzlichen Überlegungen lassen sich anhand LGS'e mit zwei Variablen aufzeigen. Die Fortschreibung auf LGS'e mit drei (und mehr) Variablen geschieht dann problemlos.

LGS mit 2 Variablen

Die Lösbarkeits-Kriterien sollen durch Gegenüberstellung zweier konkreter Gleichungssysteme herausgearbeitet werden:

Beispiel 1

(1) $2x - 3y = 0$
(2) $-x + 2y = 0$ | $\cdot 2$

(1) $2x - 3y = 0$
(2') $-2x + 4y = 0$ | +

$\qquad\qquad y = 0,$

eingesetzt in (1):

$$2x - 3 \cdot 0 = 0$$
$$\underline{x = 0}$$

Beispiel 2

(1) $2x - 3y = 0$
(2) $-2x + 3y = 0$ | +

$\qquad 0 = 0^{1)}$

Es ergeben sich unendlich viele Lösungen!

Wegen $2x = 3y \Leftrightarrow y = \frac{3}{2}x$ läßt sich feststellen, daß alle Paare (x, y), die auf der Geraden $g: y = \frac{3}{2}x$ liegen, zur Lösungsmenge gehören.

Wesentliche Erkenntnis, die generell für quadratische LGS'e gilt:

> Ein homogenes LGS mit $2(3, 4, ..., n)$ Variablen besitzt entweder
>
> – genau eine Lösung, nämlich $x = y = ... = 0^{2)}$ (Triviallösung) oder
> – unendlich viele Lösungen (darunter auch die Triviallösung).

Ein Blick auf die Vektorgleichungen offenbart den entscheidenden Unterschied hinsichtlich der Koeffizienten-Vektoren.

---

[1]) Hinweis, daß das System letztendlich unterbestimmt ist.
[2]) Bei n Variablen muß es korrekt heißen: $x_1 = x_2 = ... = x_n = 0$.

Sie sind

im *Beispiel 1*   im *Beispiel 2*

linear unabhängig,   linear abhängig.

$$x\begin{pmatrix} 2 \\ -1 \end{pmatrix} + y\begin{pmatrix} -3 \\ 2 \end{pmatrix} = \begin{pmatrix} 0 \\ 0 \end{pmatrix}{}^{[1)}} \qquad\qquad x\begin{pmatrix} 2 \\ -2 \end{pmatrix} + y\begin{pmatrix} -3 \\ 3 \end{pmatrix} = \begin{pmatrix} 0 \\ 0 \end{pmatrix}$$

Lösungskriterium für quadratische homogene LGS'e:

$$\boxed{\;\text{Koeffizienten-Vektoren} \;\begin{cases} \text{linear unabhängig: Triviallösung} \\ \text{linear abhängig:} \quad \text{unendlich viele Lösungen} \end{cases}\;}$$

LGS mit 3 Variablen

Beispiel 3

$$\begin{aligned} (1)\quad & x + 3y + z = 0 \\ (2)\quad & 2x + y - z = 0 \\ (3)\quad & x - 2y + z = 0 \end{aligned} \left.\begin{aligned}\\ \\ \\ \end{aligned}\right\} \quad \begin{array}{l} \overset{(1)+(2)}{\Longrightarrow} \; 3x + 4y = 0 \\ \overset{(2)+(3)}{\Longrightarrow} \; 3x - y = 0 \end{array} \left.\begin{aligned}\\ \\\end{aligned}\right\} \;\Rightarrow\; 3y = 0 \Leftrightarrow y = 0.$$

Eingesetzt in (1) und (2) und addiert: $3x = 0 \Leftrightarrow x = 0$; eingesetzt in (3): $z = 0$.

Die Triviallösung $x = y = z = 0$ läßt umgekehrt schließen, daß die Koeffizienten-Vektoren

$$\vec{a}_1 = \begin{pmatrix} 1 \\ 2 \\ 1 \end{pmatrix}, \quad \vec{a}_2 = \begin{pmatrix} 3 \\ 1 \\ -2 \end{pmatrix} \quad \text{und} \quad \vec{a}_3 = \begin{pmatrix} 1 \\ -1 \\ 1 \end{pmatrix}$$

linear unabhängig (= nicht-komplanar) sein müssen. – Prüfen Sie es bitte nach!

Beispiel 4

$$\begin{aligned} (1)\quad & x + 4y + 2z = 0 \\ (2)\quad & x + 2y = 0 \\ (3)\quad & x + y + z = 0 \end{aligned} \left.\begin{aligned}\\ \\ \\ \end{aligned}\right\} \quad \begin{array}{l} \overset{(1)-(2)}{\Longrightarrow} \; 6y + 2z = 0 \\ \overset{(2)-(3)}{\Longrightarrow} \; -3y - z = 0 \end{array} \left.\begin{aligned}\\ \\\end{aligned}\right\} \;\Leftrightarrow\; z = -3y.$$

Es verbleibt eine Gleichung für 2 Variable.

Mit der Setzung $y = r$ [2)] $(r \in \mathbb{R})$ folgt $z = -3r$ und $x = 2r$, also resultiert als Lösungsmenge

$$L = \{(2r,\, r,\, -3r)\} = \{ \ldots, (-2, -1, 3), (0, 0, 0), (2, 1, -3), (4, 2, -6), \ldots \}.$$

Da sich unendlich viele Lösungen ergeben, können die Koeffizienten-Vektoren des LGS's nur *linear abhängig* (= komplanar) sein. – Bitte nachprüfen!

Inhomogenes LGS

Auch hier soll zunächst Grundlegendes an LGS'en mit 2 Variablen aufgezeigt werden.

[1)] Kommt bekannt vor; siehe Satz 1.4 in Abschnitt 1.3.2

[2)] Man nennt die gesetzte Zahl r einen *Parameter*.

LGS mit 2 Variablen

Beispiel 1

$$
\begin{array}{ll}
(1) & 3x + 2y = 4 \\
(2) & 2x - y = 5 \quad |\cdot 2 \\
\hline
(1) & 3x + 2y = 4 \\
(2') & 4x - 2y = 10 \quad |+ \\
\hline
& 7x \quad\quad = 14 \\
& \underline{x = 2,}
\end{array}
$$

eingesetzt in (2'):

$$
\begin{array}{ll}
2\cdot 2 - y = 5 \\
\underline{y = -1}
\end{array}
$$

Ein Blick auf die Vektorgleichung zeigt, daß die

- Koeffizienten-Vektoren *linear unabhängig* sind, und daß der

- Konstantenvektor *linear unabhängig* zu den Koeffizienten-Vektoren ist.

linear unabhängig[1])

$$
x\begin{pmatrix}3\\2\end{pmatrix} + y\begin{pmatrix}2\\-1\end{pmatrix} = \begin{pmatrix}4\\5\end{pmatrix}
$$

linear unabhängig

Beispiel 2

$$
\begin{array}{ll}
(1) & 6x - 3y = 15 \quad |:3 \\
(2) & 2x - y = 5 \\
\hline
(1') & 2x - y = 5 \\
(2) & 2x - y = 5 \quad |- \\
\hline
& 0 = 0
\end{array}
$$

Es ergeben sich unendlich viele Lösungen!

Wegen $2x - y = 5 \Leftrightarrow y = 2x - 5$ läßt sich feststellen, daß alle Paare (x, y), die auf der Geraden $g: y = 2x = 5$ liegen, zur Lösungsmenge gehören.

Ein Blick auf die Vektorgleichung zeigt, daß die

- Koeffizienten-Vektoren *linear abhängig* sind, und daß der

- Konstantenvektor *linear abhängig* zu den Koeffizienten-Vektoren ist.

linear abhängig

$$
x\begin{pmatrix}6\\2\end{pmatrix} + y\begin{pmatrix}-3\\-1\end{pmatrix} = \begin{pmatrix}15\\5\end{pmatrix}
$$

linear abhängig

Beispiel 3

$$
\begin{array}{ll}
(1) & 6x - 3y = 6 \quad |:3 \\
(2) & 2x - y = 5 \\
\hline
(1') & 2x - y = 2 \\
(2) & 2x - y = 5 \quad |- \\
\hline
& 0 \neq -3
\end{array}
$$

Falsche Aussage: Es ergeben sich überhaupt keine Lösungen; die Lösungsmenge ist leer!

Ein Blick auf die Vektorgleichung zeigt, daß die

- Koeffizienten-Vektoren *linear abhängig* sind, und daß der

- Konstantenvektor *linear unabhängig* zu den Koeffizienten-Vektoren ist.

linear unabhängig

$$
x\begin{pmatrix}6\\2\end{pmatrix} + y\begin{pmatrix}-3\\-1\end{pmatrix} = \begin{pmatrix}6\\5\end{pmatrix}
$$

linear unabhängig

---

[1]) Wegen der *Transitivität* gilt das auch für den 1. Koeffizientenvektor.

Wesentliche Erkenntnis, die wiederum generell für quadratische LGS'e gilt:

> Ein inhomogenes LGS mit 2 (3, 4, ..., n) Variablen besitzt entweder
> - genau eine Lösung,
> - unendlich viele Lösungen oder
> - gar keine Lösung.

Welche Art von Lösung zu erwarten ist, zeigt das

Lösungskriterium für quadratische inhomogene LGS'e mit 2 Variablen:

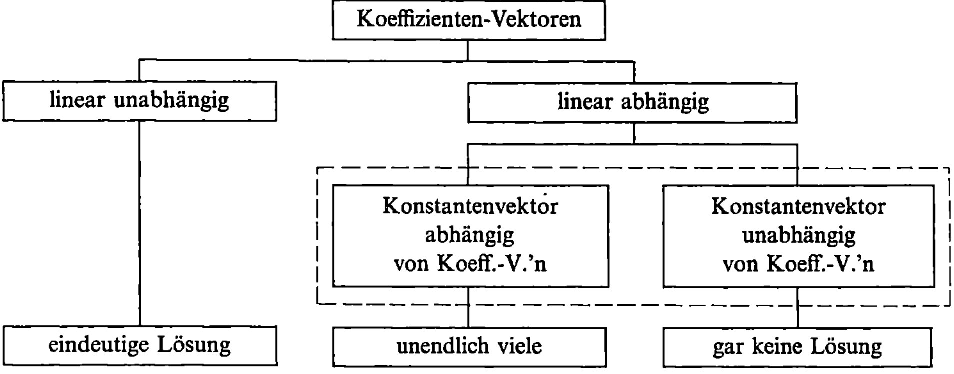

LGS mit 3 Variablen

Die Fortschreibung des Kriterienschemas auf LGS'e mit 3 Variablen ist für den linken Bereich (eindeutige Lösung) ohne jede Einschränkung möglich:

> Sind die drei Koeffizienten-Vektoren _linear unabhängig_ (= nichtkomplanar), spannen sie also einen Raum auf, gibt es immer eine eindeutige Lösung.

Sind die drei Koeffizienten-Vektoren dagegen _linear abhängig_ (= komplanar), so muß der Kriterienkatalog für den gestrichelt eingerahmten Bereich differenzierter gestaltet werden.

Für den Fall, daß die Koeffizienten-Vektoren $\vec{a}_1$, $\vec{a}_2$ und $\vec{a}_3$ _nicht-kollinear_ zueinander sind, gilt folgendes:

Je nachdem, ob der Konstantenvektor $\vec{k}$ in der von den Koeffizienten-Vektoren aufgespannten Ebene E

$$\left.\begin{array}{l} \text{liegt} \\ \text{oder} \\ \text{nicht liegt} \end{array}\right\} \text{ergeben sich} \left\{\begin{array}{l} \text{unendlich viele} \\ \text{oder} \\ \text{gar keine} \end{array}\right\} \text{Lösungen.}$$

Dafür zwei Beispiele (bitte durchrechnen!), die sich nur im Konstantenvektor voneinander unterscheiden:

Beispiel 1:	_Beispiel 2:_
(1) $x + 2y - 4z = -2$	(1) $x + 2y - 4z = 3$
(2) $3x + y + 3z = -1$	(2) $3x + y + 3z = -1$
(3) $2x - y + 7z = 1$	(3) $2x - y + 7z = 1$

Beispiel 1 liefert unendlich viele Lösungen: $L = \{(-2r, 3r - 1, r)\}$;
Beispiel 2 hat dagegen gar keine Lösung.
Demnach liegt $\vec{k_1} = (-2, -1, 1)$ in der Ebene E, $\vec{k_2} = (3, -1, 1)$ dagegen nicht.

Wie man das schneller als bisher nachweisen kann, soll im nächsten Abschnitt gezeigt werden. In dem Zusammenhang wird auch auf die noch ausstehenden Fälle (Koeffizienten-Vektoren sind kollinear zueinander) einzugehen sein.

1.4.3 Koeffizientenmatrix und Determinanten

Koeffizienten-Matrix

LGS mit 2 Variablen

Ein quadratisches inhomogenes LGS mit 2 Variablen x und y lautet allgemein als Vektorgleichung geschrieben

$$x \cdot \vec{a_1} + y \cdot \vec{a_2} = \vec{k},$$

was nichts anderes heißt, als daß der Konstantenvektor $\vec{k} = (k_1, k_2)$ durch die Koeffizienten-Vektoren

$$\vec{a_1} := \begin{pmatrix} a_{11} \\ a_{12} \end{pmatrix} \quad \text{und} \quad \vec{a_2} := \begin{pmatrix} a_{12} \\ a_{12} \end{pmatrix}$$

erzeugt wird.

Sonderfall: Für $\vec{k} = \vec{0}$ ergibt sich ein *homogenes* LGS.

Die zunächst einmal merkwürdig anmutende Angabe der skalaren Vektorkomponenten gibt Sinn, wenn die Aufschlüsselung der Vektorgleichung geschieht.

Unter üblichem Vertauschen der Reihenfolge – die Variablen x und y werden jeweils an 2. Stelle aufgeführt! – resultiert das inhomogene LGS wie folgt:

(1) $\quad a_{11}x + a_{12}y = k_1$
(2) $\quad a_{21}x + a_{22}y = k_2.$

Die Zusammenfassung der skalaren Vektorkomponenten führt auf ein Schema, *Koeffizienten-Matrix* genannt, das die Systematik der Indizes[1] (a_{ij} – Schreibweise; $i, j \in \mathbb{N}$) besonders deutlich herausstellt:

$$\text{\emph{Koeffizienten-Matrix}} \ A := \begin{pmatrix} a_{11} & a_{12} \\ a_{21} & a_{22} \end{pmatrix}.$$

Genauer gesagt handelt es sich um eine sog. 2 × 2-Matrix (gelesen: „Zwei-mal-zwei-Matrix"), auch 2,2-Matrix genannt, da sie aus 2 Zeilen und 2 Spalten besteht.

Mehr noch zur Sprechweise und zur Plazierung:

Der Koeffizient a_{12} (gelesen: „a-eins-zwei") steht in der 1. Zeile, 2. Spalte;

der Koeffizient a_{21} (gelesen: „a-zwei-eins") steht in der 2. Zeile, 1. Spalte.

---

[1] Mehrzahl von Index

LGS mit 3 Variablen

Ein quadratisches inhomogenes LGS mit 3 Variablen x, y und z lautet als Vektorgleichung geschrieben

$$x\vec{a}_1 + y\vec{a}_2 + z\vec{a}_3 = \vec{k},$$

was nichts anderes heißt, als daß der Konstantenvektor $\vec{k} = \begin{pmatrix} k_1 \\ k_2 \\ k_3 \end{pmatrix}$

durch die Koeffizienten-Vektoren

$$\vec{a}_1 := \begin{pmatrix} a_{11} \\ a_{21} \\ a_{31} \end{pmatrix}, \quad \vec{a}_2 := \begin{pmatrix} a_{12} \\ a_{22} \\ a_{32} \end{pmatrix}, \quad \text{und} \quad \vec{a}_3 := \begin{pmatrix} a_{13} \\ a_{23} \\ a_{33} \end{pmatrix}$$

erzeugt wird.

Sonderfall: Für $\vec{k} = \vec{0}$ ergibt sich ein *homogenes* LGS.

Die Aufschlüsselung der Vektorgleichung führt auf

$$(1) \quad a_{11}x + a_{12}y + a_{13}z = k_1$$
$$(2) \quad a_{21}x + a_{22}y + a_{23}z = k_2$$
$$(3) \quad a_{31}x + a_{32}y + a_{33}z = k_3.$$

Schließlich ergibt sich als

$$\textit{Koeffizienten-Matrix } A := \begin{pmatrix} a_{11} & a_{12} & a_{13} \\ a_{21} & a_{22} & a_{23} \\ a_{31} & a_{32} & a_{33} \end{pmatrix}.$$

Es handelt sich um eine 3×3-Matrix, auch 3,3-Matrix genannt, da sie aus 3 Zeilen und 3 Spalten besteht.

Nochmalige Erinnerung an Sprechweise und Plazierung:

Der Koeffizient a_{23} (gelesen: „a-zwei-drei") steht in der 2. Zeile, 3. Spalte;

der Koeffizient a_{31} (gelesen: „a-drei-eins") steht in der 3. Zeile, 1. Spalte.

Determinanten

2-reihige Determinanten

Jeder 2×2-Matrix läßt sich eindeutig ein Zahlenwert zuordnen, der Determinante D genannt wird.

Zur Matrix $A = \begin{pmatrix} a_{11} & a_{12} \\ a_{21} & a_{22} \end{pmatrix}$ gehört die Determinante $D = |A| = \begin{vmatrix} a_{11} & a_{12} \\ a_{21} & a_{22} \end{vmatrix}$.

Definition 1.13

Unter der Determinante einer 2×2-Matrix versteht man den Zahlenwert

$$D = \begin{vmatrix} a_{11} & a_{12} \\ a_{21} & a_{22} \end{vmatrix} = a_{11}a_{22} - a_{12}a_{21}.$$

Folgende *Merkregel* hilft:

> **Produkt der Hauptdiagonale minus Produkt der Nebendiagonale.**

$$\begin{vmatrix} a_{11} & a_{12} \\ a_{21} & a_{22} \end{vmatrix} = \underbrace{a_{11}a_{22}}_{\text{Haupt-,}} - \underbrace{a_{12}a_{21}}_{\text{Nebendiagonale}}.$$

$$\text{Haupt-,} \quad \text{Nebendiagonale}$$
$$(\text{——}) \qquad (\text{- - -})$$

Beispiele

a) $\begin{vmatrix} 2 & 3 \\ 4 & 5 \end{vmatrix} = 2 \cdot 5 - 3 \cdot 4 = -2;$ b) $\begin{vmatrix} 3 & -4 \\ 2 & 5 \end{vmatrix} = 3 \cdot 5 - (-4) \cdot 2 = 23.$

Für die noch folgenden Überlegungen soll eine besonders wichtige Gesetzmäßigkeit von Determinanten herausgestellt werden:

> **Satz 1.7**
>
> Eine 2-reihige Determinante besitzt den Zahlenwert $D = 0$, wenn mindestens eine der folgenden Bedingungen erfüllt ist:
>
> (1)   Beide Koeffizienten einer Zeile (oder Spalte) sind Null.
> (2)   Beide Zeilen (oder beide Spalten) stimmen überein.
> (3)   Die einander entsprechenden Koeffizienten beider Zeilen (oder Spalten) sind ein Vielfaches voneinander.

Die Beweise ergeben sich unmittelbar aus der Definition.

Exemplarisch soll (3) bewiesen werden:

$$\text{Mit } \alpha \in \mathbb{R}^* \text{ gelte } a_{12} = \lambda \cdot a_{11} \quad \text{und} \quad a_{22} = \lambda \cdot a_{21}.$$

Somit ist

$$\begin{vmatrix} a_{11} & \lambda a_{11} \\ a_{21} & \lambda a_{21} \end{vmatrix} = a_{11} \cdot \lambda a_{21} - \lambda a_{11} \cdot a_{21} = \lambda(a_{11} \cdot a_{21} - a_{11} \cdot a_{21}) = \lambda \cdot 0 = 0.$$

LGS mit 2 Variablen

Was diese Problematik mit 2-reihigen Determinanten zu tun hat, soll nun aufgezeigt werden. Dazu bedarf es der allgemeinen Lösung des nachfolgenden LGS's:

$$\begin{array}{llll} (1) & a_{11}x + a_{12}y = k_1 & | \cdot a_{22} \\ (2) & a_{21}x + a_{22}y = k_2 & | \cdot a_{12} \end{array}$$

$$\begin{array}{llll} (1') & a_{11}a_{22}x + a_{12}a_{22}y = k_1 a_{22} \\ (2') & a_{12}a_{21}x + a_{12}a_{22}y = k_2 a_{12} & | - \end{array}$$

$$a_{11}a_{21}x - a_{12}a_{21}x = k_1 a_{22} - k_2 a_{12}$$

$$(a_{11}a_{22} - a_{12}a_{21})x = k_1 a_{22} - k_2 a_{12} \quad | : (a_{11}a_{22} - a_{12}a_{21}) \neq 0$$

$$x = \frac{k_1 a_{22} - k_2 a_{12}}{a_{11}a_{22} - a_{12}a_{21}}.$$

Die Herleitung für die Variable y erfolgt analog:

Multiplikation der Gleichung (1) mit Faktor a_{21},

Multiplikation der Gleichung (2) mit Faktor a_{11},

Anwendung der Subtraktionsmethode usw. führt schließlich auf

$$y = \frac{k_2 a_{11} - k_1 a_{21}}{a_{11} a_{22} - a_{12} a_{21}}.$$

Mit Determinanten geschrieben, eröffnet sich ein verblüffender Zusammenhang, *Cramer'sche*[1]) *Regel* genannt:

$$x = \frac{D_x}{D} = \frac{\begin{vmatrix} k_1 & a_{12} \\ k_2 & a_{22} \end{vmatrix}}{\begin{vmatrix} a_{11} & a_{12} \\ a_{21} & a_{22} \end{vmatrix}} \; ; \quad y = \frac{D_y}{D} = \frac{\begin{vmatrix} a_{11} & k_1 \\ a_{21} & k_2 \end{vmatrix}}{\begin{vmatrix} a_{11} & a_{12} \\ a_{21} & a_{22} \end{vmatrix}}$$

Bemerkenswert und festzuhalten:

1. Die Nenner-Determinante D entspricht genau der Determinante der Koeffizienten-Matrix; sie wird deshalb auch *Koeffizienten-Determinante* genannt.

2. Für die Zähler-Determinanten zeigt sich folgendes:

D_x ergibt sich aus D, indem

$$\vec{a}_1 = \begin{pmatrix} a_{11} \\ a_{21} \end{pmatrix} \quad \text{durch} \quad \vec{k} = \begin{pmatrix} k_1 \\ k_2 \end{pmatrix}$$

ersetzt wird.

D_y ergibt sich aus D, indem

$$\vec{a}_2 = \begin{pmatrix} a_{12} \\ a_{22} \end{pmatrix} \quad \text{durch} \quad \vec{k} = \begin{pmatrix} k_1 \\ k_2 \end{pmatrix}$$

ersetzt wird.

▶ *Beispiel:* Lösen Sie das LGS   (1) $2,4\,x + 3,2\,y = 5,8$
                                                     (2) $6,5\,x - 2,9\,y = 1,7.$

Lösung

Nach *Cramer'scher Regel* gilt:

$$x = \frac{D_x}{D} = \frac{\begin{vmatrix} 5,8 & 3,2 \\ 1,7 & -2,9 \end{vmatrix}}{\begin{vmatrix} 2,4 & 3,2 \\ 6,5 & -2,9 \end{vmatrix}} = \frac{5,8 \cdot (-2,9) - 3,2 \cdot 1,7}{2,4 \cdot (-2,9) - 3,2 \cdot 6,5} = \frac{-22,26}{-27,76} = 0,802;$$

entsprechend für die 2. Variable

$$y = \frac{D_y}{D} = \frac{\begin{vmatrix} 2,4 & 5,8 \\ 6,5 & 1,7 \end{vmatrix}}{-27,76} = \frac{2,4 \cdot 1,7 - 5,8 \cdot 6,5}{-27,76} = \frac{-33,62}{-27,76} = 1,211.$$

---

[1]) *Cramer*, G. (1704–1752); schweizer. Mathematiker

Lösbarkeit LGS'e mit 2 Variablen

Anhand der *Cramer'schen Regel* wird es offensichtlich:

Ein LGS mit 2 Variablen hat genau eine Lösung,
wenn für die Koeffizienten-Determinante gilt:

$$\boxed{|A| := D \neq 0}\,.$$

Für $\underline{D = 0}$ resultiert

$$a_{11} \cdot a_{22} - a_{12} \cdot a_{21} = 0 \Leftrightarrow a_{11} \cdot a_{22} = a_{12} \cdot a_{21} \Leftrightarrow \frac{a_{12}}{a_{11}} = \frac{a_{22}}{a_{21}}\,.$$

Bei dieser Konstellation – siehe auch Satz 1.7 (3) – gilt, daß die Koeffizienten-Vektoren

$$\vec{a}_1 = \begin{pmatrix} a_{11} \\ a_{21} \end{pmatrix} \quad \text{und} \quad \vec{a}_2 = \begin{pmatrix} a_{12} \\ a_{22} \end{pmatrix} \cdot \text{ linear abhängig}^1)\ \text{sind.}$$

Das LGS kann dann gemäß obigem Lösungskriterium keine eindeutige Lösung haben.

Nebenprodukt: Lineare Abhängigkeit/Unabhängigkeit von Vektoren des $\mathbb{R}^2$ läßt sich gemäß Satz 1.7 (3) auch mit 2-reihigen Determinanten abklären.

Der Kreis der Überlegungen schließt sich:

Ist nämlich der Konstantenvektor $\vec{k}$ *linear abhängig* zu den linear abhängigen Koeffizienten-Vektoren $\vec{a}_1$ und $\vec{a}_2$ ($D = 0$), folgt

$$\underline{D_x = 0 \quad \text{und} \quad D_y = 0.}^2) \quad - \quad \text{Es ergeben sich unendlich viele Lösungen!}$$

Ist dagegen der Konstantenvektor $\vec{k}$ *linear unabhängig* zu den linear abhängigen Koeffizienten-Vektoren, muß gelten

$$\underline{D_x \neq 0 \quad \text{und} \quad D_y \neq 0.}^3) \quad - \quad \text{Es ergibt sich gar keine Lösung!}$$

Zusammengefaßt:

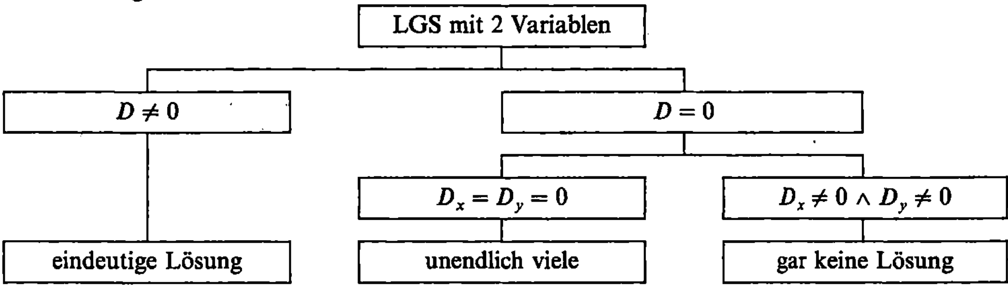

Für homogene LGS'e mit 2 Variablen gilt Entsprechendes, lediglich die letzte Rubrik (gar keine Lösung) entfällt. – Unter Beachtung von Satz 1.7 (1) kann das nicht überraschen.

$^1)$ vgl. Abschnitt 1.3.1: Nachweis der linearen Abhängigkeit
$^2)$ Ist $\vec{k}$ linear abhängig von $\vec{a}_1$, dann auch von $\vec{a}_2$.
$^3)$ Ist $\vec{k}$ linear unabhängig von $\vec{a}_1$, dann auch von $\vec{a}_2$.

Bevor die gewonnenen Erkenntnisse auf LGS'e mit 3 Variablen übertragen werden können, sind Überlegungen zu 3-reihigen Determinanten erforderlich.

3-reihige Determinanten

Jeder 3×3-Matrix läßt sich ebenfalls eindeutig ein Zahlenwert zuordnen, der 3-reihige Determinante genannt wird.

Definition 1.14

Unter der Determinante einer 3×3-Matrix versteht man den Zahlenwert

$$D = \begin{vmatrix} a_{11} & a_{12} & a_{13} \\ a_{21} & a_{22} & a_{23} \\ a_{31} & a_{32} & a_{33} \end{vmatrix} = a_{11} \cdot \begin{vmatrix} a_{22} & a_{23} \\ a_{31} & a_{33} \end{vmatrix} - a_{21} \cdot \begin{vmatrix} a_{12} & a_{13} \\ a_{32} & a_{33} \end{vmatrix} + a_{31} \cdot \begin{vmatrix} a_{12} & a_{13} \\ a_{22} & a_{23} \end{vmatrix}$$

Kompliziert? – Diese sog. *Unterdeterminanten-Entwicklung* läßt sich unter Anwendung eines ausschließlich für 3-reihige Determinanten gültigen Verfahrens umgehen, der

***Regel von Sarrus*[1]**:

- Die 1. und 2. Spalte der Determinante werden rechts davon noch einmal hingeschrieben,
- anschließend die Summe der 3 Hauptdiagonal-Produkte gebildet und
- davon die Summe der 3 Nebendiagonal-Produkte subtrahiert.

Das nachfolgende Schema hilft zum besseren Verständnis:

$$D = \underbrace{(a_{11} \cdot a_{22} \cdot a_{33} + a_{12} \cdot a_{23} \cdot a_{31} + a_{13} \cdot a_{21} \cdot a_{32})}_{\text{Hauptdiagonal-Produkte} \; (\text{———})} - \underbrace{(a_{31} \cdot a_{22} \cdot a_{13} + a_{32} \cdot a_{23} \cdot a_{11} + a_{33} \cdot a_{21} \cdot a_{12})}_{\text{Nebendiagonal-Produkte} \; (\text{– – –})}$$

Beispiel

Die Determinante $D = \begin{vmatrix} 2 & 9 & 4 \\ 7 & 5 & 3 \\ 6 & 1 & 8 \end{vmatrix}$ ergibt sich als Zahlenwert gemäß Definition 1.14 wie folgt:

$$D = 2 \cdot \begin{vmatrix} 5 & 3 \\ 1 & 8 \end{vmatrix} - 7 \cdot \begin{vmatrix} 9 & 4 \\ 1 & 8 \end{vmatrix} + 6 \cdot \begin{vmatrix} 9 & 4 \\ 5 & 3 \end{vmatrix}$$

$$D = 2 \cdot (5 \cdot 8 - 3 \cdot 1) - 7 \cdot (9 \cdot 8 - 4 \cdot 1) + 6 \cdot (9 \cdot 3 - 4 \cdot 5)$$

$$D = 2 \cdot 37 - 7 \cdot 68 + 6 \cdot 7$$

$$\underline{D = -360.}$$

---

[1] *Sarrus* (gespr. Sarü, 1798–1861); frz. Mathematiker

Alternativ: Unter Anwendung der *Regel von Sarrus* sieht die Rechnung folgendermaßen aus:

$$\begin{vmatrix} 2 & 9 & 4 \\ 7 & 5 & 3 \\ 6 & 1 & 8 \end{vmatrix}\begin{matrix} 2 & 9 \\ 7 & 5 \\ 6 & 1 \end{matrix} = \underbrace{(2\cdot 5\cdot 8 + 9\cdot 3\cdot 6 + 4\cdot 7\cdot 1)}_{\text{Hauptdiagonal-Produkte}} - \underbrace{(6\cdot 5\cdot 4 + 1\cdot 3\cdot 2 + 8\cdot 7\cdot 9)}_{\text{Nebendiagonal-Produkte}}$$

$$\Rightarrow D = 270 - 630 = \underline{-360}.$$

LGS mit 3 Variablen

Ohne die umfangreiche Herleitung vorzunehmen:

Die *Cramer'sche Regel* gilt auch für LGS'e mit 3 Variablen.

Für das in allgemeiner Form angegebene inhomogene LGS

(1) $a_{11}x + a_{12}y + a_{13}z = k_1$

(2) $a_{21}x + a_{22}y + a_{23}z = k_2$

(3) $a_{31}x + a_{32}y + a_{13}z = k_3$

ergibt sich die folgende Lösung:

$$x = \frac{D_x}{D} = \frac{\begin{vmatrix} k_1 & a_{12} & a_{13} \\ k_2 & a_{22} & a_{23} \\ k_3 & a_{32} & a_{33} \end{vmatrix}}{\begin{vmatrix} a_{11} & a_{12} & a_{13} \\ a_{21} & a_{22} & a_{23} \\ a_{31} & a_{32} & a_{33} \end{vmatrix}}; \quad y = \frac{D_y}{D} = \frac{\begin{vmatrix} a_{11} & k_1 & a_{13} \\ a_{21} & k_2 & a_{23} \\ a_{31} & k_3 & a_{33} \end{vmatrix}}{D}; \quad z = \frac{D_z}{D} = \frac{\begin{vmatrix} a_{11} & a_{12} & k_1 \\ a_{21} & a_{22} & k_2 \\ a_{31} & a_{32} & k_3 \end{vmatrix}}{D}.$$

$$\textit{Achtung:} \quad \boxed{|A| := D \neq 0}.$$

Lösbarkeit LGS'e mit 3 Variablen

Anhand der *Cramer'schen Regel* wird es offensichtlich:

> Ein LGS mit 3 Variablen hat genau eine Lösung,
> wenn die Koeffizienten-Determinante *ungleich* 0 ist.

Geometrisch argumentiert: Die drei Koeffizienten-Vektoren spannen einen Raum auf, also sind sie *nicht-komplanar*.

Nebenprodukt: Komplanarität von Vektoren des $\mathbb{R}^3$ läßt sich gut mit 3-reihigen Determinanten abklären.

Somit resultiert für $\underline{D = 0}$, daß die Koeffizienten-Vektoren

$$\vec{a}_1 = \begin{pmatrix} a_{11} \\ a_{21} \\ a_{31} \end{pmatrix}, \quad \vec{a}_2 = \begin{pmatrix} a_{12} \\ a_{22} \\ a_{32} \end{pmatrix} \quad \text{und} \quad \vec{a}_3 = \begin{pmatrix} a_{13} \\ a_{23} \\ a_{33} \end{pmatrix} \quad \textit{komplanar} \text{ sein müssen.}$$

Das LGS hat dann gemäß dem bereits besprochenen Lösungskriterium keine eindeutige Lösung.

Der Kreis der Überlegungen schließt sich:

In den den Zähler-Determinanten zuzuordnenden *Matrizen*[1]) sind die Koeffizienten des Konstantenvektors $\vec{k}$ eingebunden; als Vektor-Tripel geschrieben:

$$(\vec{k}, \vec{a}_2, \vec{a}_3), \quad (\vec{a}_1, \vec{k}, \vec{a}_3), \quad (\vec{a}_1, \vec{a}_2, \vec{k}).$$

Ist nun der Konstantenvektor $\vec{k}$ komplanar zu den eine Ebene aufspannenden Koeffizienten-Vektoren $\vec{a}_1$, $\vec{a}_2$ und $\vec{a}_3$ ($D = 0$), folgt

$$D_x = D_y = D_z = 0^2). \quad - \text{ Es ergeben sich unendlich viele Lösungen!}$$

Ist dagegen der Konstantenvektor $\vec{k}$ nicht-komplanar zu den andererseits komplanaren Koeffizienten-Vektoren, muß gelten

$$D_x \neq 0 \quad \text{und} \quad D_y \neq 0 \quad \text{und} \quad D_z \neq 0^3). \quad - \text{ Es ergibt sich gar keine Lösung!}$$

Zusammengefaßt:

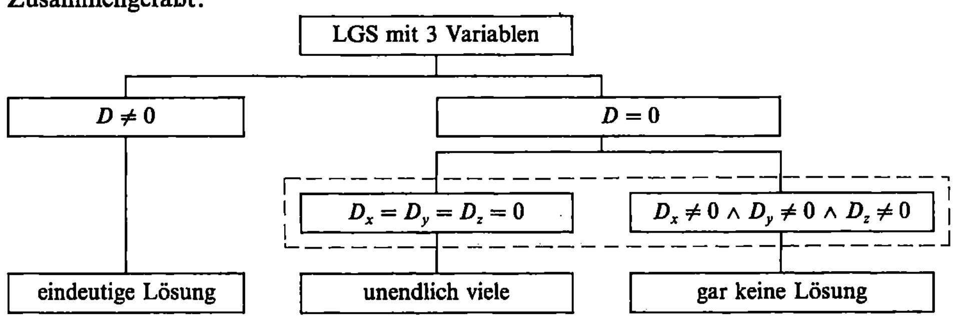

Achtung: Der gestrichelt markierte Bereich gilt nicht vorbehaltlos (siehe Sonderfall: Kollineare System-Vektoren).

Für *homogene* LGS'e mit 3 Variablen gilt das Schema entsprechend, lediglich die letzte Rubrik (gar keine Lösung) entfällt. – Unter Beachtung der Fortschreibung des Satzes 1.7 kann das nicht überraschen:

Danach besitzen 3-reihige Determinanten den Zahlenwert $D = 0$, wenn

- alle Koeffizienten einer Zeile (oder Spalte) Null sind;
- zwei Zeilen (oder zwei Spalten) übereinstimmen;
- die einander entsprechenden Koeffizienten der drei Zeilen (oder Spalten) ein Vielfaches voneinander sind.

Und genau die erste Aussage ist es, die zutrifft für die jeweilige Zähler-Determinante homogener LGS'e: Die in einer Spalte auftretenden Koeffizienten des Konstantenvektors $\vec{k}$ sind alle 0.

---

[1]) Mehrzahl von *Matrix*
[2]) Gilt die *Komplanarität* für $(\vec{k}, \vec{a}_2, \vec{a}_3)$, muß das auch für die beiden anderen Vektor-Tripel gelten.
[3]) wie [2]), jetzt für *Nicht*-Komplanarität

Sonderfall: **Kollineare System-Vektoren**

Insbesondere die letzte Zeile des fortgeschriebenen Satzes 1.7 ist Veranlassung gewesen, im obigen Schema den rechten Bereich gestrichelt einzurahmen und einen Vorbehalt anzumerken.

Sind nämlich die

$$\textit{Systemvektoren} \quad \vec{a}_1, \ \vec{a}_2, \ \vec{a}_3 \quad \text{und} \quad \vec{k}$$

teilweise oder insgesamt *kollinear* zueinander, erfordert es genauere Untersuchungen.

Ein Blick auf die für die Zähler-Determinanten wichtigen Vektor-Tripel

$$(\vec{k}, \vec{a}_2, \vec{a}_3), \quad (\vec{a}_1, \vec{k}, \vec{a}_3), \quad (\vec{a}_1, \vec{a}_2, \vec{k}).$$

offenbart die Problematik:

Sind z.B. $\vec{a}_2$ und $\vec{a}_3$ kollinear, folgt $D_x = 0$ (wieso?). D_y und D_z können, müssen aber nicht 0 werden. Es hängt davon ab, ob

$$\vec{k} \text{ in der von } \vec{a}_1 \text{ und } \vec{a}_2 \text{ (bzw. } \vec{a}_3\text{) aufgespannten Ebene} \begin{cases} \text{liegt (Bild 1.50a),} \\ \text{oder} \\ \text{nicht liegt (Bild 1.50b).} \end{cases}$$

Im ersten Fall gibt es unendlich viele,
im zweiten Fall dagegen gar keine Lösung.

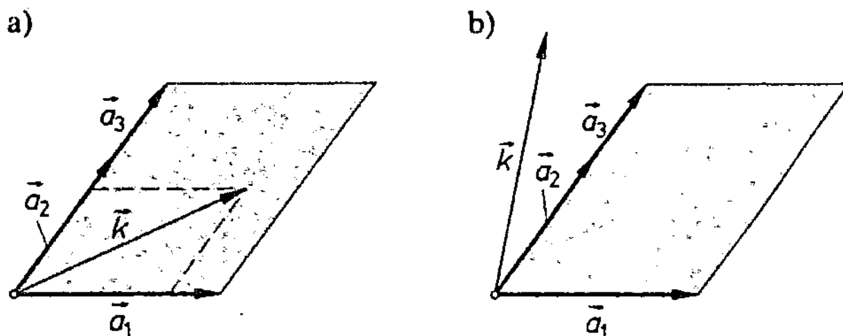

Bild 1.50 $\vec{k}$ ist (a) bzw. ist nicht (b) komplanar zu den Koeffizienten-Vektoren

Die angedeuteten differenzierteren Untersuchungen werden besonders für quadratische und nicht-quadratische LGS'e höheren Grades bedeutsam.

* **Erweiterte Koeffizienten-Matrix (System-Matrix)**

Die bisherigen Ausführungen haben gezeigt, daß zur Erarbeitung von Lösbarkeitskriterien auch der Konstantenvektor $\vec{k}$ in diesbezügliche Überlegungen einzubeziehen ist. Zweckmäßigerweise bindet man ihn in der erweiterten Koeffizienten-Matrix ein, auch System-Matrix genannt (alle Vektoren des Gleichungssystems werden erfaßt) und schreibt dafür wie folgt:

$$\textit{Erweiterte Koeffizienten-Matrix} \quad (A|k) := \begin{pmatrix} a_{11} & a_{12} & a_{13} & k_1 \\ a_{21} & a_{22} & a_{23} & k_2 \\ a_{31} & a_{32} & a_{33} & k_3 \end{pmatrix}.$$
$$\textit{(System-Matrix)}$$

Die Untersuchungen laufen darauf hinaus, festzustellen,

aus wieviel unabhängigen Vektoren die $\Big\{$ System-Matrix bzw. Koeffizienten-Matrix $\Big.$ besteht.

Diese Anzahl linear unabhängiger Vektoren – *Rang* der Matrix genannt –, gibt Aufschluß über Lösbarkeit bzw. Nicht-Lösbarkeit der LGS'e und erlaubt verfeinerte Betrachtungen für den Fall, daß sich unendlich viele Lösungen ergeben sollten.

Fundamental die allgemeingültige Feststellung, ohne in diesem Rahmen weiter darauf eingehen zu wollen:

> Ein inhomogenes LGS mit n Variablen hat genau dann eine Lösung, wenn
> – Rang von Koeffizienten-Matrix und System-Matrix übereinstimmen und
> – dieser Rang gleich der Anzahl der Variablen ist,
>
> also
>
> $$\boxed{\text{Rang } A = \text{Rang } (A\,|\,k) = n}$$.

Für LGS'e mit 3 Variablen könnte die Bedingung dann wie folgt formuliert werden (*Rg*: Rang):

$$Rg\,(\vec{a}_1, \vec{a}_2, \vec{a}_3) = Rg\,(\vec{a}_1, \vec{a}_2, \vec{a}_3, \vec{k}) = 3.$$

Für das Eingangsbeispiel

$$\begin{aligned}
(1) \quad & 4x - 3y + 5z = -3 \\
(2) \quad & -2x + y - 3z = 5 \\
(3) \quad & 3x - 5y + 3z = 9
\end{aligned}$$

gilt:

$$Rg\,(A) \;\;\; = 3 \quad (\vec{a}_1, \vec{a}_2 \text{ und } \vec{a}_3 \text{ sind nicht-komplanar}),$$

$$Rg\,(A\,|\,k) = 3 \quad (4 \text{ Vektoren im Raum sind immer linear abhängig, der Rang der erw.}$$
$$\text{Matrix kann sich somit nicht erhöhen}),$$

also ist wegen $Rg\,(A) = Rg\,(A\,|\,k) = 3$ eine eindeutige Lösung zu erwarten.

Es mag genügen! – In diesem Rahmen soll der Umgang mit System-Matrizen sowie insgesamt die *Matrizenrechnung*[1]) nicht vertieft werden.

Ausblick

1. Die Systematik läßt sich fortschreiben auf quadratische homogene bzw. inhomogene LGS'e mit n Variablen:

$$\begin{aligned}
(1) \quad & a_{11}x_1 + a_{12}x_2 + a_{13}x_3 + a_{14}x_4 + \ldots + a_{1n}x_n = k_1 \\
(2) \quad & a_{21}x_1 + a_{22}x_2 + a_{23}x_3 + a_{24}x_4 + \ldots + a_{2n}x_n = k_1 \\
& \quad \vdots \\
(n) \quad & a_{n1}x_1 + a_{n2}x_2 + a_{n3}x_3 + a_{n4}x_4 + \ldots + a_{nn}x_n = k_n
\end{aligned}$$

---

[1]) ein eigenständiger, wichtiger Themenbereich der Höheren Mathematik

Die zugehörige *Koeffizienten-Matrix* ist dann eine $n \times n$-Matrix;
die *erweiterte Koeffizienten-Matrix* wäre dann eine $n \times (n + 1)$-Matrix.

2. Für nicht-quadratische LGS'e mit m Gleichungen und n Variablen resultieren $m \times n$-Matrizen, die m Zeilen und n Spalten aufweisen. – Zwei Fälle sind zu unterscheiden:

$m < n$: LGS ist unterbestimmt; $m > n$: LGS ist überbestimmt.

3. Das Lösen *Linearer Gleichungssysteme* wird reduziert auf ein schematisches Rechnen mit Matrizen.

● *Aufgaben*

1.72   Klären Sie durch Hinsehen (Begründung!), welche der nachfolgenden LGS'e eindeutig lösbar sind, gar keine Lösung bzw. unendlich viele Lösungen aufweisen:

a) (1) $3x - 4y = 2$ b) (1) $4x + 3y = 5$
    (2) $-2x + 5y = 1$ (2) $3x + 4y = 9$

c) (1) $-x + 2y = 5$ d) (1) $6x - 9y = -3$
    (2) $2x - 4y = 3$ (2) $-4x + 6y = 2$

Geben Sie die einzelnen Lösungsmengen an.

Hinweis: Falls es mit dem Hinsehen nicht klappt, wenden Sie die Determinantenmethode an.

1.73   Bestimmen Sie die Lösungen nachfolgender LGS'e mit *Cramer'scher Regel*:

a) (1) $1{,}36x + 2{,}88y = 8{,}12$ b) (1) $5{,}72x - 3{,}54y = 2{,}35$
    (2) $2{,}84x + 4{,}65y = 9{,}54$ (2) $4{,}34x + 2{,}76y = 9{,}75$

c) (1) $2{,}53x - 3{,}62y = 6{,}54$ d) (1) $-1{,}08x + 2{,}36y = 3{,}45$
    (2) $-1{,}78x + 5{,}15y = 6{,}78$ (2) $-0{,}92x + 3{,}18y = 6{,}55$

1.74   Die Koeffizienten-Matrix eines inhomogenen LGS's lautet

$$\text{a)} \begin{pmatrix} 3 & 3 \\ -2 & 3 \end{pmatrix} \qquad \text{b)} \begin{pmatrix} -4 & 4 \\ 2 & 2 \end{pmatrix} \qquad \text{c)} \begin{pmatrix} -6 & 9 \\ 2 & -3 \end{pmatrix} \qquad \text{d)} \begin{pmatrix} 4 & 8 \\ -2 & -4 \end{pmatrix}.$$

Für alle 4 LGS'e ist der Konstantenvektor mit $\vec{k} = (-2, 1)$ gegeben.

Klären Sie mittels Determinanten, für welche Fälle eine oder gar keine Lösung bzw. unendlich viele Lösungen zu erwarten sind.

Geben Sie für a) bis d) die Lösungsmengen an.

1.75   Die Koeffizienten-Matrix eines homogenen LGS's lautet

$$\text{a)} \begin{pmatrix} r & 2 \\ 2 & r \end{pmatrix} \qquad \text{b)} \begin{pmatrix} r-5 & 2 \\ 2 & r \end{pmatrix} \qquad \text{c)} \begin{pmatrix} r-2 & 3 \\ -2 & r+3 \end{pmatrix} \qquad \text{d)} \begin{pmatrix} r & -1 \\ 2 & r+2 \end{pmatrix}.$$

Für jeweils welche Zahl $r \in \mathbb{R}$ besitzt das LGS nicht-triviale Lösungen?

1.76   Generell gilt:

Der Zahlenwert einer Determinante ändert sich nicht, wenn Zeilen und Spalten miteinander vertauscht werden.

Beweisen Sie den Satz speziell für 2-reihige Determinanten.

1.77 Generell gilt:

Das Vorzeichen einer Determinante ändert sich, wenn zwei Zeilen (oder zwei Spalten) miteinander vertauscht werden.

Beweisen Sie den Satz für 2-reihige Determinanten, wenn ein Vertausch der beiden

a) Zeilen;
b) Spalten erfolgt.

1.78 Welcher Zahlenwert steht jeweils für nachstehende Determinanten:

a) $\begin{vmatrix} 4 & 2 & -2 \\ -1 & 1 & 1 \\ 3 & -1 & 1 \end{vmatrix}$;
b) $\begin{vmatrix} 2 & 4 & 1 \\ 5 & -1 & -3 \\ 8 & 5 & -2 \end{vmatrix}$;
c) $\begin{vmatrix} 2 & 8 & 1 \\ 1 & 1 & 2 \\ -1 & 3 & -4 \end{vmatrix}$?

1.79 Für jeweils welchen Koeffizienten r nachstehender 3,3-Matrizen wird die zugehörige Determinante 0 (Begründung!):

a) $\begin{pmatrix} 3 & 1 & 2 \\ 5 & 3 & r \\ 4 & 2 & 4 \end{pmatrix}$;
b) $\begin{pmatrix} -3 & 9 & -6 \\ 2 & 4 & 3 \\ 1 & r & 2 \end{pmatrix}$?

1.80 Führen Sie jeweils durch Berechnung der Koeffizienten-Determinante den Nachweis, daß nachfolgende LGS'e eindeutige Lösungen haben. – Bestimmen Sie diese.

a) (1) $\quad 2x - y - z = 5$
   (2) $\quad x + 3y + 2z = 0$
   (3) $\quad -3x + 2y - 4z = -2$

b) (1) $\quad -3x - 2y + 2z = 3$
   (2) $\quad 2x + y - z = 2$
   (3) $\quad 4x + 3y + z = 4$

c) (1) $\quad 3x + 3y + 2z = -2$
   (2) $\quad -2x + 5y - z = 2$
   (3) $\quad 3x + 2y + z = 1$

d) (1) $\quad 2x + 5y - 2z = -1$
   (2) $\quad 3x - 3y + 3z = 0$
   (3) $\quad x - 3y - z = -6$

1.81 Bei der Festigkeitsberechnung einer mehrfach gelagerten Welle tritt für die Stützmomente M_1, M_2 und M_3 folgendes LGS auf:

(1) $\quad 2{,}308\,M_1 + 0{,}502\,M_2 \qquad\qquad = 4{,}775$
(2) $\quad 0{,}757\,M_1 + 1{,}354\,M_2 + 0{,}416\,M_3 = 5{,}325$
(3) $\qquad\qquad\quad 0{,}816\,M_2 + 1{,}459\,M_3 = 3{,}125$

Berechnen Sie den Zahlenwert des Stützmomentes M_1 mittels *Cramer'scher Regel*.

1.82 Zeigen Sie mittels Determinanten, daß nachfolgende LGS'e keine eindeutige Lösung haben:

a) (1) $\quad 4x + y - 3z = -2$
   (2) $\quad x + y = 1$
   (3) $\quad x - y - 2z = -3$

b) (1) $\quad x + y + 3z = 2$
   (2) $\quad 2x + y + 5z = 3$
   (3) $\quad 2y + 2z = 5$

Geben Sie anschließend für das LGS mit unendlich vielen Lösungen die Lösungsmenge mit Parameter an.

1.83 a) Weisen Sie mit Hilfe von Determinanten nach, daß nachfolgendes LGS gar keine Lösung hat:

(1) $\quad x + 3y + 2z = 3$
(2) $\quad 2x - y - z = -2$
(3) $\quad -4x + 2y + 2z = -5.$

    b) Bestimmen Sie k_3 im Konstantenvektor $\vec{k} = (3,\ -2,\ k_3)$ so, daß sich unendlich viele Lösungen ergeben.

    c) Geben Sie für diesen Fall die mit Parameter geschriebene Lösungsmenge an.

1.84 Die System-Matrix eines LGS's habe die Form

$$\begin{pmatrix} 1 & 3 & 2 & \bigm| & 3 \\ -1 & -1 & -1 & \bigm| & 3 \\ -3 & 2 & 2 & \bigm| & 4 \end{pmatrix}.$$ Wie heißt die Lösung des LGS's?

1.85 Nebenstehend sind für ein inhomogenes LGS mit Variablen die Zusammenhänge zwischen

– Rang der Koeffizienten-Matrix A,

– Rang der System-Matrix $(A\,|\,k)$ und

zu erwartender Lösung tabellarisch festgehalten.

Veranschaulichen Sie die Unterschiede durch Zeichnen der System-Vektoren.

Rang A	Rang $(A\,|\,k)$	Anzahl d. Lösungen
2	2	1
1	2	0
1	1	∞

Hinweis: Erwartet werden drei verschiedene Darstellungen.

1.86 a) Legen Sie für ein inhomogenes LGS mit 3 Variablen die entsprechende Tabelle an (letzte Zeile: $Rg\,A = 1$).

    b) Veranschaulichen Sie die Unterschiede durch zeichnerische Darstellung der System-vektoren.

    c) Welcher Unterschied besteht zwischen $Rg\,A = Rg\,(A\,|\,k) = 2$ und $Rg\,A = Rg\,(A\,|\,k) = 1$?

Hinweis zu a) und b): 5 Zeilen bzw. 5 Darstellungen werden erwartet.

*1.5 Der Vektorraum

Die Repräsentation der Vektoren durch Pfeile ist für viele der bisherigen Ausführungen sinnvoll und zwecks Veranschaulichung hilfreich gewesen. Das soll in diesem Rahmen so weit wie möglich auch beibehalten werden.

Der mathematische Vektorbegriff ist jedoch umfassender in seiner Verwendung und Bedeutung als hier bisher dargestellt. – Einen Vorgeschmack lieferten die Ausführungen über Lineare Gleichungssysteme.

Ausblickend für vertiefende Auseinandersetzung mit der Linearen Algebra ist wichtig zu wissen, daß

– ein Vektor keiner Darstellung durch Pfeile bedarf bzw.

– sich nicht jeder Vektor durch einen Pfeil repräsentieren läßt.

Auf einen kurzen Nenner gebracht:

1. Vektoren sind Elemente einer bezüglich Addition und S-Multiplikation besonders strukturierten Menge, *Vektorraum V* genannt.

2. Wichtigstes gemeinsames Merkmal dieser Elemente ist das Rechnen nach den bisher dargestellten Gesetzmäßigkeiten.

Die nachfolgende Definition sagt es genauer:

Definition 1.15

Gegeben sei eine Menge V, für deren Elemente

    die *Addition* und die *Multiplikation* mit reellen Zahlen definiert ist.

Dann heißt die Menge V *Vektorraum*, wenn für beliebige

    Elemente $\vec{a}, \vec{b}$ und $\vec{c}$ aus V und Zahlen λ und μ aus $\mathbb{R}$

folgende Gesetzmäßigkeiten gelten:

$A1:$	$\vec{a} + \vec{b} = \vec{b} + \vec{a}$	(Kommutativgesetz);
$A2:$	$\vec{a} + (\vec{b} + \vec{c}) = (\vec{a} + \vec{b}) + \vec{c} = \vec{a} + \vec{b} + \vec{c}$	(Assoziativgesetz);
$A3:$	$\vec{a} + \vec{0} = \vec{a}$	(Nullelement);
$A4:$	$\vec{a} + (-\vec{a}) = \vec{0}$	(inverses Element);
$S1:$	$1 \cdot \vec{a} = \vec{a}$	(Einselement);
$S2:$	$\lambda(\mu\vec{a}) = (\lambda\mu)\vec{a}$	(Assoziativgesetz);
$S3:$	$(\lambda + \mu)\vec{a} = \lambda\vec{a} + \mu\vec{a}$	(1. Distributivgesetz);
$S4:$	$\lambda(\vec{a} + \vec{b}) = \lambda\vec{a} + \lambda\vec{b}$	(2. Distributivgesetz).

Die Elemente des Vektorraumes V heißen Vektoren.

Die Definition bedarf zusätzlicher Erläuterungen:

a) Die Gesetze $A1$ bis $A4$ bzw. $S1$ bis $S4$ (A steht für Addition, S für Skalar-Multiplikation) werden auch *Vektorraum-Axiome* genannt.

b) Mit dem Terminus *Vektor-Raum* läßt sich im allgemeinen keine geometrisch-räumliche Vorstellung verbinden.

c) Wegen der S-Multiplikation mit reellen Zahlen heißt die oben definierte Menge auch *Vektorraum über* (dem Körper) $\mathbb{R}$. – Daß es demnach noch andere Vektorräume über anderen (Zahlen-)Körpern gibt, bleibt in diesem Rahmen völlig belanglos.

Gut nachzuvollziehen ist aufgrund bisheriger Ausführungen, daß sowohl

– die Menge der Ortsvektoren im $\mathbb{R}^2$ bzw. im $\mathbb{R}^3$ als auch

– die klassischen Anschauungsräume $\mathbb{R}^2$ bzw. $\mathbb{R}^3$[1])

Vektorräume sind.

Kollineare, komplanare und nicht-komplanare Vektoren

In Anknüpfung an Kapitel 1.3 ergänzend und in diesem Rahmen nicht weiter kommentierend, Feinheiten wie folgt:

1. *Kollineare* Vektoren bilden 1-dimensionale Vektorräume;
   Sonderfall: Die Zahlengerade $\mathbb{R}$.

---

[1]) allgemeine Erweiterung: der n-dimensionale Vektorraum $\mathbb{R}^n$

> 2. *Komplanare* Vektoren bilden 2-dimensionale Vektorräume;
>   *Sonderfälle:* a) Die $\mathbb{R}^2$ – Ebene,
>   b) Komplexe Zahlen ($\rightarrow$ Kapitel 3)
>
> 3. „Dreibeine" *nicht-komplanarer* Vektoren bilden 3-dimensionale Vektorräume;
>   *Sonderfall:* Der Anschauungsraum $\mathbb{R}^3$.

Schwierig wird es, diejenigen Objekte als Vektoren anzusehen, deren Darstellung als Pfeil nicht möglich ist. – Hier helfen nur die Vektorraum-Axiome weiter; denn im mathematischen Sinn gilt:

> Jedes Element eines Vektorraumes ist ein Vektor.

Die folgenden Beispiele mögen andeuten, wie weitgehend der mathematische Vektorbegriff gefaßt ist. Hierbei wird die Gültigkeit der Vektorraum-Axiome bewußt nur teilweise oder auch gar nicht aufgezeigt.

Beispiele für „pfeilfreie" Vektorräume:

1. Bestellvektoren

In der Wirtschaftsmathematik bieten sie eine Möglichkeit, z.B. Absatzzahlen irgendwelcher Produkte anzugeben und (entscheidend!) damit zu rechnen.

Für einen Autokonzern, der z. B. 5 Fahrzeugtypen auf den Markt bringt, könnten sich, bezogen auf die Niederlassungen A, B, C, ... nebenstehende (monatliche) Absatzzahlen ergeben.

Die Bestellvektoren – aus Platzgründen in Zeilenschreibweise angegeben – heißen somit

	A	B	C	...
Typ 1	5	10	18	...
Typ 2	4	12	9	...
Typ 3	1	6	4	...
Typ 4	3	8	6	...
Typ 5	4	7	6	...

$$\vec{v}_A = (5, 4, 1, 3, 4), \quad \vec{v}_B = (10, 12, 6, 8, 7) \quad \text{usw.}$$

Die Vektoren gehören zum $\mathbb{R}^5$, also räumlich nicht vorstellbar. Dennoch macht es mathematisch Sinn, die Vektoraddition und die S-Multiplikation zuzulassen:

Die Addition liefert die wichtigen Absatzzahlen, und beispielsweise versteht der Leiter der Niederlassung A, wenn die Konzernleitung anmahnt, die Verkaufszahlen zu verdoppeln.

2. Matrizen

Die in Abschnitt 1.4.3 angestellten Überlegungen zu $m \times n$-Matrizen konsequent weitergedacht:

– der Zeilenvektor $\vec{x} = (x_1, x_2, x_3)$ ist eine 1×3-Matrix;

– der Spaltenvektor $\vec{x} = \begin{pmatrix} x_1 \\ x_2 \\ x_3 \end{pmatrix}$ eine 3×1-Matrix;

– jede reelle Zahl eine 1×1-Matrix.

3. Die Menge der ganzrationalen Funktionen 2. Grades

Unter Berücksichtigung, daß *Addition*[1]) und *S-Multiplikation*[2]) für Funktionen definiert sind, läßt sich beispielsweise konkret für

$$f(x) = 2x^2 - 4, \quad g(x) = -x^2 + x + 2, \quad h(x) = 3x^2 - 6x$$

nachweisen, daß es sich um Elemente eines Vektorraumes handelt:

$A1$: $f(x) + g(x) = (2x^2 - 4) + (-x^2 + x + 2) = x^2 + x - 2 = g(x) + f(x)$;

$A2$: $[f(x) + g(x)] + h(x) = (x^2 + x - 2) + (3x^2 - 6x) = \ldots = 4x^2 - 5x - 2 =$
$$= f(x) + g(x) + h(x);$$

$A3$: $f(x) + 0^3) = (2x^2 - 3) + 0 = 2x^2 - 3 = f(x)$;

$\vdots$

$S1$: $1 \cdot f(x) = 1 \cdot (2x^2 - 4) = f(x)$;

$\vdots$

$S8$: $\lambda \cdot f(x) + \lambda \cdot g(x) = \lambda \cdot (2x^2 - 4) + \lambda \cdot (-x^2 + x + 2)$
$$= \lambda \cdot 2x^2 - \lambda \cdot 4 - \lambda \cdot x^2 + \lambda \cdot x + \lambda \cdot 2$$
$$= \lambda \cdot (x^2 + x - 2)$$
$$= \lambda \cdot [f(x) + g(x)].$$

Allgemein: Die Menge der ganzrationalen Funktionen n-ten Grades bilden einen Vektorraum.

Noch allgemeiner gilt die Feststellung für die Menge der Funktionen mit Definitionsbereich $D_f = I\!R$.

4. Die Menge (reeller) Zahlenfolgen

Die Vektorraum-Axiome gelten unter Festlegung der Verknüpfungen

$$(a_n + b_n) := (a_n) + (b_n) \quad \text{und} \quad \lambda(a_n) := (\lambda a_n),$$

was hier nicht vertieft werden soll.

1.6 Vektor-Multiplikationen

1.6.1 Das Skalarprodukt

Aus dem Physik-Unterricht hinlänglich bekannt:

Arbeit = Kraft mal Weg.

Eine Gesetzmäßigkeit, so einfach formuliert, daß sie fast schon wieder falsch ist.

---

[1]) *Addition:* Die Summe zweier Funktionen erhält man, indem jedem Element des Definitionsbereichs die Summe der Funktionswerte zugeordnet wird, also $(f + g)(x) = f(x) + g(x)$.

[2]) *S-Multiplikation:* Sie ist definiert als Multiplikation der Funktionswerte mit einer reellen Zahl λ, also $(\lambda f)(x) = \lambda \cdot f(x)$.

[3]) Die 0 steht für das *Null-Polynom*, gelegentlich auch *Null-Funktion* genannt.

Ein Beispiel, in Bild 1.51 schematisch dargestellt, soll es verdeutlichen:
An einem Skifahrer, mittels Schlepplift in einer Liftspur einen Hang hinauffahrend, wird Arbeit verrichtet. Ihre Größe ergibt sich als Produkt aus

– der in Richtung des Weges wirkenden Kraft F_s und
– der Länge des Weges s.

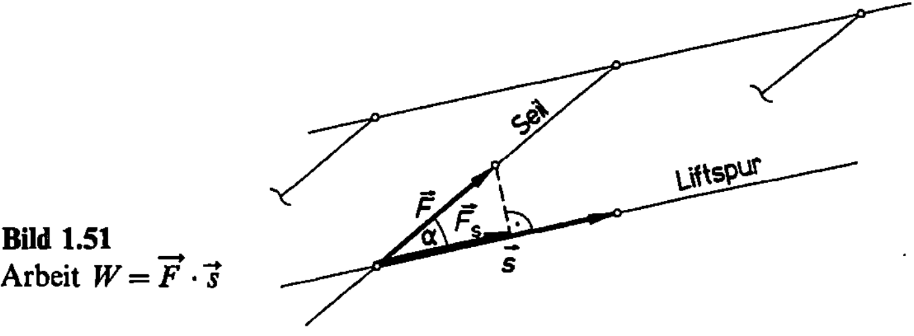

Bild 1.51
Arbeit $W = \vec{F} \cdot \vec{s}$

Also gilt:

Arbeit $W = |\vec{F_s}|\,|\vec{s}|$ oder mit $|\vec{F_s}| = |\vec{F}| \cdot \cos \alpha$

$\qquad W = |\vec{F}| \cdot \cos \alpha \cdot |\vec{s}|$ bzw.

$\qquad W = |\vec{F}|\,|\vec{s}| \cos \alpha.$

Bei Vorgabe von F und s bewirkt der zwischen $\vec{F}$ und $\vec{s}$ auftretende Winkel α eine Veränderung der zu verrichtenden Arbeit W. Nachstehende Tabelle und Bild 1.52 helfen, die Ausführungen zu veranschaulichen.

Dabei soll gelten: $|\vec{F_0}| = |\vec{F_1}| = |\vec{F_2}| = |\vec{F_3}| = |\vec{F_4}| = F.$

$F = 1\,000\,\mathrm{N}$	Winkel α				
$s\ = 2\,000\,\mathrm{m}$	0°	30°	45°	60°	90°
F_s in N	1 000	866	707	500	0
W in $10^6\,\mathrm{Nm}$	2,0	1,73	1,41	1,0	0

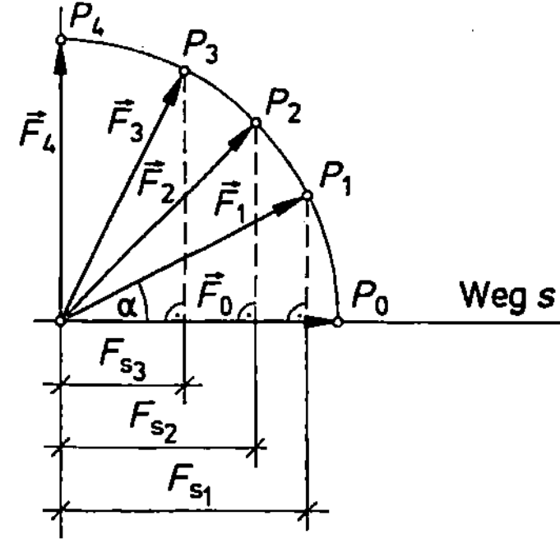

Bild 1.52
Arbeit W in Abhängigkeit von $\not< \alpha$

Der Brückenschlag zur markig formulierten Eingangsaussage über die physikalische Arbeit ist leicht getan; man schreibt die Gesetzmäßigkeit mit Vektoren, dann stimmt's:

$$\left.\begin{array}{l} W = \vec{F}\,\vec{s} \\[4pt] W = |\vec{F}|\,|\vec{s}| \cos \alpha \end{array}\right\} \;\Rightarrow\; \vec{F}\,\vec{s} := |\vec{F}|\,|\vec{s}| \cos \alpha, \quad \textit{Skalarprodukt} \text{ genannt.}$$

Achtung: Die hier vorgestellte multiplikative Verknüpfung der Vektoren $\vec{F}$ und $\vec{s}$ ergibt definitionsgemäß die Arbeit W, eine *skalare* Größe.

Verallgemeinernd läßt sich das Skalarprodukt zweier Vektoren wie folgt definieren:

Definition 1.16

Es seien $\vec{a}$ und $\vec{b}$ vom Nullvektor verschieden.

Dann versteht man unter dem skalaren Produkt von $\vec{a}$ und $\vec{b}$ die reelle Zahl

$$\boxed{\vec{a} \cdot \vec{b} := |\vec{a}||\vec{b}| \cdot \cos \alpha\,{}^{1)}}\ ,$$

wobei $\alpha = \sphericalangle\,(\vec{a}, \vec{b})$ mit $0° \leq \alpha \leq 180°$ ist.

Hinweis: Für $\vec{a} = \vec{0}$ oder $\vec{b} = \vec{0}$ wird $\vec{a} \cdot \vec{b} = 0$ festgesetzt.

Selbstverständlich, dennoch erwähnenswert:

a) $\vec{a} \cdot \vec{b} > 0$ für $0 < \alpha < 90°$;   b) $\vec{a} \cdot \vec{b} < 0$ für $90° < \alpha < 180°$.

Sonderfälle

1. $\vec{a}$ ist *kollinear* zu $\vec{b}$ $(\vec{a} \uparrow\uparrow \vec{b})$:

a) $\boxed{\vec{a} \neq \vec{b}}$ b) $\boxed{\vec{a} = \vec{b}}$

$\vec{a} \cdot \vec{b} = |\vec{a}||\vec{b}| \cdot \cos 0°$ $\vec{a} \cdot \vec{a} = |\vec{a}||\vec{a}| \cdot \cos 0°$

$\vec{a} \cdot \vec{b} = |\vec{a}||\vec{b}| = ab.$ $\vec{a} \cdot \vec{a} = |\vec{a}||\vec{a}| = a^2$

$$\boxed{\begin{array}{c} \textbf{Betrag eines Vektors} \\ |\vec{a}| = \sqrt{\vec{a} \cdot \vec{a}}\,{}^{2)})\,{}^{3)} \end{array}}$$

2. $\vec{a}$ ist *orthogonal* zu $\vec{b}$ $(\vec{a} \perp \vec{b})$:

$\vec{a} \cdot \vec{b} = |\vec{a}||\vec{b}|\cos 90°$, wegen $\cos 90° = 0$ folgt

$\vec{a} \cdot \vec{b} = 0.$ –   Ein solch' wesentlicher Sachverhalt, daß es eines Satzes bedarf!

Satz 1.8

Zwei Vektoren $\vec{a}, \vec{b} \neq \vec{0}$ sind genau dann orthogonal zueinander, wenn ihr Skalarprodukt Null ist:

$$\boxed{\vec{a} \perp \vec{b} \;\Leftrightarrow\; \vec{a} \cdot \vec{b} = 0}\qquad (\textit{Orthogonalitätsbedingung}).$$

Hinweis: Man beachte den entscheidenden Unterschied zum *Satz vom Nullprodukt* reeller Zahlen!

${}^{1)}$ $\vec{a} \cdot \vec{b}$ wird gelesen „a Punkt b", daher auch *Punktprodukt* genannt.

${}^{2)}$ Bei der Repräsentation eines Vektors durch einen Pfeil ergab sich der Betrag als Länge dieses Pfeiles. Mit dieser Definition läßt sich auch „pfeilfreien" Vektoren ein Betrag zuordnen.

${}^{3)}$ $\vec{a} \cdot \vec{a} \geq 0$; das Skalarprodukt ist *positiv definit*.

Eigenschaften des Skalarproduktes

Das skalare Produkt ist

a) kommutativ: $\qquad\vec{a} \cdot \vec{b} = \vec{b} \cdot \vec{a}$;

b) distributiv: $\qquad\vec{a} \cdot (\vec{b} + \vec{c}) = \vec{a} \cdot \vec{b} + \vec{a} \cdot \vec{c}$.

c) gemischt assoziativ: $\qquad\lambda \cdot (\vec{a}\,\vec{b}) = (\lambda \cdot \vec{a}) \cdot \vec{b} = \vec{a} \cdot (\lambda \cdot \vec{b})$, wobei $\lambda \in \mathbb{R}$.

Achtung: Die übliche assoziative Verknüpfung gilt nicht:

$$\underbrace{(\vec{a} \cdot \vec{b})}_{\text{Skalar}} \cdot \vec{c} = \vec{a} \cdot \underbrace{(\vec{b} \cdot \vec{c})}_{\text{Skalar}}$$

Der linke Term liefert einen zu $\vec{c}$ $\left.\right\}$
der rechte Term liefert einen zu $\vec{a}$ $\left.\right\}$ kollinearen Vektor.

Skalarprodukt für Vektoren des Anschauungsraumes

Hier gilt:

$$\vec{a} \cdot \vec{b} = \begin{pmatrix} a_x \\ a_y \\ a_z \end{pmatrix} \cdot \begin{pmatrix} b_x \\ b_y \\ b_z \end{pmatrix} = (a_x\vec{e}_x + a_y\vec{e}_y + a_z\vec{e}_z)(b_x\vec{e}_x + b_y\vec{e}_y + b_z\vec{e}_z);$$

unter Anwendung des für das skalare Produkt gültigen *Distributivgesetzes* folgt

$$\vec{a}\,\vec{b} = a_x\vec{e}_x(b_x\vec{e}_x + b_y\vec{e}_y + b_z\vec{e}_z) + a_y\vec{e}_y(b_x\vec{e}_x + \ldots) + a_z\vec{e}_z(b_x\vec{e}_e + \ldots) =$$
$$(a_x\vec{e}_x b_x\vec{e}_x + a_x\vec{e}_x b_y\vec{e}_y + a_x\vec{e}_x b_z\vec{e}_z + \ldots + a_z\vec{e}_z b_y\vec{e}_y + a_z\vec{e}_z b_z\vec{e}_z.$$

Da das Skalarprodukt *gemischt-assoziativ* ist, ergibt sich weiter

$$\vec{a}\,\vec{b} = a_x b_x \cdot \vec{e}_x\vec{e}_x + a_x b_y \cdot \vec{e}_x\vec{e}_y + a_x b_z \cdot \vec{e}_x\vec{e}_z + \ldots + a_z b_y \cdot \vec{e}_z\vec{e}_y + a_z b_z \cdot \vec{e}_z\vec{e}_z;$$

unter Berücksichtigung, daß

$$\boxed{\vec{e}_x\vec{e}_x = \vec{e}_y\vec{e}_y = \vec{e}_z\vec{e}_z = 1} \quad \text{bzw.} \quad \boxed{\vec{e}_x\vec{e}_y = \vec{e}_y\vec{e}_z = \vec{e}_z\vec{e}_x = 0}$$

resultiert schließlich

$$\vec{a} \cdot \vec{b} = a_x b_x + a_y b_y + a_z b_z.$$

Satz 1.9

Für zwei Vektoren $\vec{a}$ und $\vec{b}$ des $\mathbb{R}^3$ lautet das *Skalarprodukt*

$$\vec{a} \cdot \vec{b} = \begin{pmatrix} a_x \\ a_y \\ a_z \end{pmatrix} \cdot \begin{pmatrix} b_x \\ b_y \\ b_z \end{pmatrix} = a_x b_x + a_y b_y + a_z b_z.$$

Für Vektoren des $\mathbb{R}^2$ gilt Entsprechendes: $a_z b_z$ entfällt.

▶ *Beispiel:* Bestimmen Sie für $\vec{a} = (4, -2, 2)$ und $\vec{b} = (r, r, -1)$ die Zahl r so, daß $\vec{a}$ und $\vec{b}$ orthogonal zueinander sind.

Lösung: $\left. \begin{array}{l} \vec{a} \cdot \vec{b} = 4r + (-2)r + 2(-1) = 2r - 2 \\ \vec{a} \cdot \vec{b} = 0 \quad \text{(Orthogonalitätsbedingung)} \end{array} \right\} \Rightarrow 2r - 2 = 0 \Leftrightarrow r = 1$

Projektion eines Vektors

Es macht keinen Sinn, ein Skalarprodukt durch einen an seiner Entstehung beteiligten Vektor teilen zu wollen. – Mit welchen seiner skalaren Komponenten sollte das wohl geschehen?

Bild 1.53 veranschaulicht geometrisch, daß es zu einem skalaren Produkt $\vec{a}\vec{b}$ letztendlich unendlich viele Vektoren $\vec{b}_1, \vec{b}_2, \ldots$ gibt. Sie zeichnen sich alle dadurch aus, daß ihre Projektion auf $\vec{a}$ gleich ist: $|\vec{b}_a|$.

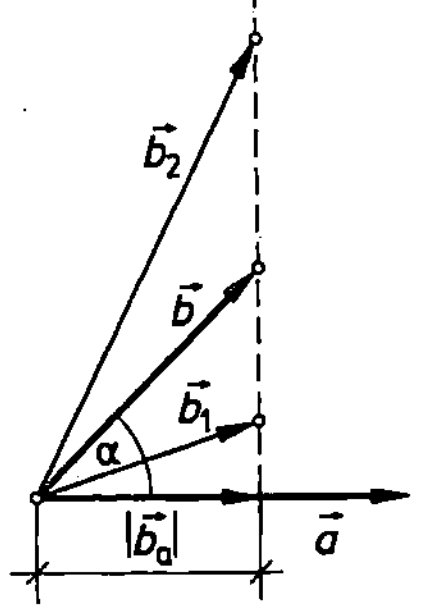

Bild 1.53
Projektionsvektor $\vec{b}_a$

Wie nun Vektor $\vec{b}_a$ rechnerisch zu ermitteln ist, soll nachfolgend gezeigt werden:

Aus $\quad \vec{a} \cdot \vec{b} = |\vec{a}||\vec{b}|\cos\alpha \quad$ folgt wegen $\quad |\vec{b}_a| = |\vec{b}|\cos\alpha \quad$ zunächst

$$\vec{a} \cdot \vec{b} = |\vec{a}||\vec{b}_a| \quad \text{und somit}$$

$$|\vec{b}_a| = \frac{\vec{a} \cdot \vec{b}}{|\vec{a}|}.$$

Für den in Richtung $\vec{a}$ verlaufenden Vektor $\vec{b}_a$ resultiert

$$\vec{b}_a = |\vec{b}_a| \cdot \vec{e}_a; \quad \text{mit} \quad \vec{e}_a = \frac{\vec{a}}{|\vec{a}|} \quad \text{folgt}$$

$$\vec{b}_a = |\vec{b}_a| \cdot \frac{\vec{a}}{|\vec{a}|} = \frac{\vec{a}\vec{b}}{|\vec{a}|} \cdot \frac{\vec{a}}{|\vec{a}|} \quad \text{und schließlich}$$

$$\boxed{\vec{b}_a = \frac{\vec{a} \cdot \vec{b}}{|\vec{a}|^2} \cdot \vec{a}} \qquad \text{(Projektion von } \vec{b} \text{ auf } \vec{a}\text{)}.$$

Für die Projektion von $\vec{a}$ auf $\vec{b}$ gilt entsprechend $\qquad \boxed{\vec{a}_b = \frac{\vec{a} \cdot \vec{b}}{|\vec{b}|^2} \cdot \vec{b}}$.

▶ *Beispiel:* Für $\vec{a} = (6, 2)$ und $\vec{b} = (2, 4)$ sollen die Projektionsvektoren $\vec{b}_a$ und $\vec{a}_b$ erstellt werden.

Lösung:

$$\vec{b}_a = \frac{\begin{pmatrix}6\\2\end{pmatrix} \cdot \begin{pmatrix}4\\2\end{pmatrix}}{6^2 + 2^2} \cdot \begin{pmatrix}6\\2\end{pmatrix} = \frac{6 \cdot 2 + 2 \cdot 4}{40} \cdot \begin{pmatrix}6\\2\end{pmatrix} = \frac{20}{40} \cdot \begin{pmatrix}6\\2\end{pmatrix} = \begin{pmatrix}3\\1\end{pmatrix}.$$

$$\vec{a}_a = \frac{\begin{pmatrix}6\\2\end{pmatrix} \cdot \begin{pmatrix}2\\4\end{pmatrix}}{2^2 + 4^2} \cdot \begin{pmatrix}2\\4\end{pmatrix} = \frac{20}{20} \cdot \begin{pmatrix}2\\4\end{pmatrix} = \begin{pmatrix}2\\4\end{pmatrix}.$$

Zwecks Veranschaulichung wird empfohlen, die Vektoren $\vec{a}$ und $\vec{b}$ zu zeichnen.

Winkel zwischen zwei Vektoren

Durch einen Vektor zu dividieren, ist nicht möglich; wohl aber kann durch Vektor-Beträge geteilt werden, so sie ungleich 0 sind:

$$\vec{a} \cdot \vec{b} = |\vec{a}||\vec{b}| \cdot \cos\alpha \;\Leftrightarrow\; \boxed{\cos\alpha = \frac{\vec{a} \cdot \vec{b}}{|\vec{a}| \cdot |\vec{b}|}}.$$

Damit ist die Möglichkeit gegeben, Winkel zwischen Vektoren bzw. (korrekter!) deren Repräsentanten zu bestimmen.

▶ *Beispiel:* Errechnet werden soll der von $\vec{a} = (8, 6)$ und $\vec{b} = (3, 4)$ eingeschlossene Winkel α.

Lösung:
$$\cos\alpha = \frac{\binom{8}{6} \cdot \binom{3}{4}}{\sqrt{8^2 + 6^2} \cdot \sqrt{3^2 + 4^4}} = \frac{8 \cdot 3 + 6 \cdot 4}{10 \cdot 5} = \frac{48}{50} \;\Rightarrow\; \alpha = 16{,}26°.$$

● *Aufgaben*

1.87 Geben Sie jeweils das Skalarprodukt $\vec{a} \cdot \vec{b}$ an, wenn gilt:

a) $|\vec{a}| = 3$, $|\vec{b}| = 4$, $\sphericalangle(\vec{a}, \vec{b}) = 30°$;   b) $|\vec{a}| = 4$, $|\vec{b}| = 6$, $\sphericalangle(\vec{a}, \vec{b}) = 60°$;

c) $|\vec{a}| = 2$, $|\vec{b}| = 5$, $\sphericalangle(\vec{a}, \vec{b}) = 135°$;   d) $|\vec{a}| = 5$, $|\vec{b}| = 4$, $\sphericalangle(\vec{a}, \vec{b}) = 180°$.

1.88 Gegeben $|\vec{a}| = 5$, $|\vec{b}| = 6$, $\sphericalangle(\vec{a}, \vec{b}) = 120°$. – Berechnen Sie:

a) $(\vec{a} + \vec{b})(\vec{a} + \vec{b})$;   b) $(\vec{a} - \vec{b})(\vec{a} - \vec{b})$;   c) $(\vec{a} + \vec{b})(\vec{a} - \vec{b})$.

1.89 Die Vektoren $\vec{a}$ und $\vec{b}$ mit $|\vec{a}| = 8\,\text{cm}$, $|\vec{b}| = 6\,\text{cm}$ und $\sphericalangle(\vec{a}, \vec{b}) = 60°$ spannen ein Parallelogramm auf.

Berechnen Sie die Länge der beiden Diagonalen $\vec{e}$ und $\vec{f}$.

Hinweis: $e = \sqrt{\vec{e} \cdot \vec{e}}$.

1.90 Geben Sie jeweils das Skalarprodukt $\vec{a} \cdot \vec{b}$ an, wenn gilt:

a) $\vec{a} = (12, 5)$, $\vec{b} = (8, -6)$;   b) $\vec{a} = (3, -4)$, $\vec{b} = (15, -20)$;

c) $\vec{a} = \begin{pmatrix} -6 \\ 3 \\ -6 \end{pmatrix}$, $\vec{b} = \begin{pmatrix} 2 \\ -2 \\ -1 \end{pmatrix}$;   d) $\vec{a} = \begin{pmatrix} 3 \\ -5 \\ -2 \end{pmatrix}$, $\vec{b} = \begin{pmatrix} 4 \\ 2 \\ 1 \end{pmatrix}$.

1.91 Gegeben: $\vec{a} = (5, -2, 4)$ und $\vec{b} = (-2, r, 3)$.

Bestimmen Sie die reelle Zahl r so, daß

a) $\vec{a} \cdot \vec{b} = 6$;   b) $\vec{a} \cdot \vec{b} = -4$;   c) $\vec{a} \cdot \vec{b} = 0$.

1.92 Für welche reelle Zahl r sind nachfolgende Vektorpaare $(\vec{a}, \vec{b})$ orthogonal zueinander:

a) $\vec{a} = \begin{pmatrix} r+1 \\ r \\ r-2 \end{pmatrix}$, $\vec{b} = \begin{pmatrix} 2 \\ r \\ 1 \end{pmatrix}$;   b) $\vec{a} = \begin{pmatrix} r-2 \\ 3 \\ -2 \end{pmatrix}$, $\vec{b} = \begin{pmatrix} r+3 \\ 2 \\ 1 \end{pmatrix}$;

c) $\vec{a} = \begin{pmatrix} r-1 \\ 2r \\ 2 \end{pmatrix}$, $\vec{b} = \begin{pmatrix} 0 \\ r-2 \\ 1 \end{pmatrix}$;   d) $\vec{a} = \begin{pmatrix} r \\ r+1 \\ 3 \end{pmatrix}$, $\vec{b} = \begin{pmatrix} 2 \\ r-1 \\ r+1 \end{pmatrix}$?

1.93 Unter welcher Bedingung sind $\vec{a} = (1, m_a)$ und $\vec{b} = (1, m_b)$ mit $m_{a,b} \in \mathbb{R}$ *orthogonal* zueinander?

1.94 Zeigen Sie allgemein, daß aus $|\vec{a}| = \sqrt{\vec{a} \cdot \vec{a}}$ für den $\mathbb{R}^3$ folgt:

$$|\vec{a}| = \sqrt{a_x^2 + a_y^2 + a_z^2}.$$

1.95 Ermitteln Sie rechnerisch den Projektionsvektor $\vec{b}_a$ für

a) $\vec{a} = (5,\, 0)$, $\vec{b} = (3,\, 4)$;   b) $\vec{a} = (7,\, 3)$, $\vec{b} = (2,\, 5)$.

1.96 Ebenso den Projektionsvektor $\vec{a}_b$, wenn gilt:

a) $\vec{a} = \begin{pmatrix} 5 \\ 1 \\ 5 \end{pmatrix}$, $\vec{b} = \begin{pmatrix} 3 \\ 0 \\ 1 \end{pmatrix}$;   b) $\vec{a} = \begin{pmatrix} -2 \\ -2 \\ 5 \end{pmatrix}$, $\vec{b} = \begin{pmatrix} -1 \\ 3 \\ -2 \end{pmatrix}$.

1.97 Ein Dreieck sei festgelegt durch $A(-3/5/6)$, $B(8/9/2)$, $C(4/7/-2)$.

a) Führen Sie den rechnerischen Nachweis, daß es sich um ein rechtwinkliges Dreieck handelt ($\gamma = 90°$).

b) Wie lang sind die beiden Hypotenusenabschnitte p und q?
Hinweis: p ist die Projektion von a auf c, q die von b auf c.

1.98 Die beiden Vektoren $\vec{a} = (4, 2, 1)$ und $\vec{b} = (1, 1, 3)$ spannen ein Parallelogramm auf. – Wie groß ist der Schnittwinkel der beiden Diagonalen?

1.99 Ein Viereck sei im $\mathbb{R}^3$ festgelegt durch

$$A(5/1/2), \quad B(13/5/4), \quad C(10/4/6) \quad \text{und} \quad D(6/2/5).$$

a) Weisen Sie nach, daß es sich um ein Trapez handelt.
b) Berechnen Sie die Innenwinkel α, β, γ und δ.
c) Unter welchem Winkel schneiden sich die Diagonalen?

1.100 Welche Winkel schließt der Ortsvektor $\vec{r} = (5, 4, 3)$ mit den Koordinatenachsen ein?

1.101 Der Ortsvektor $\vec{r} = (x_p, y_p, z_p)$ schließt mit den Koordinatenachsen die Winkel α, β und γ ein.

Zeigen Sie, daß gilt: $\cos^2 \alpha + \cos^2 \beta + \cos^2 \gamma = 1$.

1.102 Die beiden Kräfte $F_1 = 8\,\text{kN}$ und $F_2 = 6\,\text{kN}$ greifen wie dargestellt (Bild 1.54) an einem Körper an.

a) Berechnen die Größe der Resultierenden F_R.
b) Wie lauten die x- und y-Komponenten von F_R?
c) Unter welchem Winkel, gemessen gegen die x-Achse, wirkt die Resultierende?

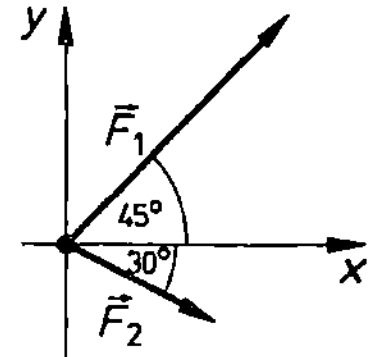

Bild 1.54

1.103 Mit einer Kraft (Angabe in daN) von $\vec{F} = (50, 5, 10)$ wird eine Skifahrerin mit ihrem Partner von $P_1(50/20/10)$ nach $P_2(1\,650/50/410)$ geliftet, wobei sich die Koordinaten auf die in $1\,700\,\text{m}$ Höhe gelegene Talstation der Schleppliftanlage beziehen.

a) Welche Arbeit in Nm wird verrichtet?
b) Welcher Leistung in kW entspricht das, wenn das Liften 5 Minuten dauert?

1.104 Der Personen- und Zweiradverkehr zwischen den beiden Ufern eines $120\,\text{m}$ breiten Flusses wird mit einem Motorboot unterhalten, das aufgrund verschiedener technischer Gegebenheiten immer nur mit einer mittleren Eigengeschwindigkeit von $v_B = 3{,}6\,\text{km/h}$ fährt.

Berechnen Sie jeweils Fahrzeit und Kurs des Bootes, wenn die beiden Bootsanleger einander direkt gegenüber liegen, und die Strömungsgeschwindigkeit v_s des Flusses wie folgt berücksichtigt werden muß:

a) $v_s = 0{,}3\,\text{m/s}$;   b) $v_s = 0{,}6\,\text{m/s}$;   c) $v_s = 0{,}9\,\text{m/s}$.

Zusatzfrage: Bei welcher Strömungsgeschwindigkeit muß der Fährverkehr eingestellt werden (Begründung!)?

1.105   Zur Entlastung der Umwelt legt jemand seinen täglichen Weg zur Arbeitsstätte ($s = 7{,}5\,\text{km}$) mit dem Fahrrad zurück. Dabei wird aus einem gewissen sportlichen Ehrgeiz heraus angestrebt, die Strecke immer in genau 20 Minuten zu schaffen.

Mit welcher tatsächlichen mittleren Geschwindigkeit v_R muß der geradlinig an einem Kanal entlangführende Radweg befahren werden, wenn der Wind gleichmäßig mit $v_W = 1{,}25\,\text{m/s}$ weht, und zwar

a) von vorn,   b) von hinten,   c) von der Seite?

1.106   Wie müßte für den in Aufgabe 1.105 beschriebenen Sachverhalt der Radfahrer seine Geschwindigkeit anpassen, wenn der Wind unter 45° zur Fahrtrichtung weht, und zwar

a) schräg von vorn;   b) schräg von hinten?

*Anwendung des Skalarproduktes in der Geometrie

Hier ist in erster Linie wieder an das Beweisen wichtiger Sätze aus der Geometrie gedacht. Geradezu klassisch ist der vektorielle

Beweis des Kosinussatzes:

In Anlehnung an Bild 1.55 gilt die Vektorgleichung

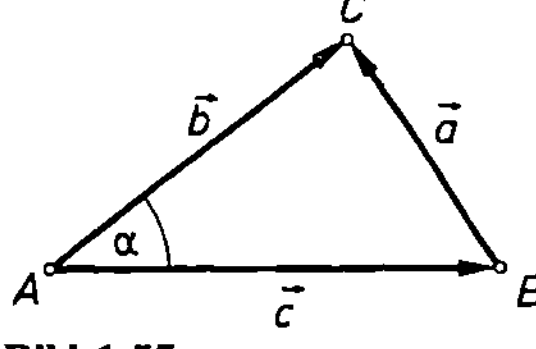

$$\vec{a} = \vec{b} - \vec{c}$$ Quadrieren führt auf

$$\vec{a}^2 = (\vec{b} - \vec{c})^2$$ oder

$$a^2 = b^2 + c^2 - 2\vec{a}\vec{b}$$ und somit

$$a^2 = b^2 + c^2 - 2ab \cdot \cos\alpha.$$

Bild 1.55

Typisch allerdings ist dieser Beweis für die Einbringung des Skalarproduktes nicht. Oftmals basiert die Vorgehensweise auf der Tatsache, daß das skalare Produkt Null werden kann, ohne daß einer der beiden Vektoren der Nullvektor ist. Exemplarisch folgt zum Nachempfinden der

Beweis des Thalessatzes[1]:

Zu zeigen ist, unter welcher Bedingung $\vec{a} \cdot \vec{b} = 0$ wird.

Gemäß Bild 1.56 gilt

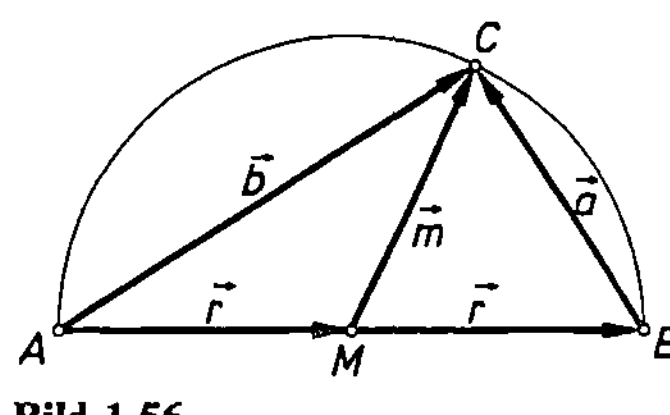

$$\vec{a}\vec{b} = (-\vec{r} + \vec{m})(\vec{r} + \vec{m}) = 0$$
$$\Rightarrow m^2 - r^2 = 0.$$

Bild 1.56

Das ist nur möglich, wenn $m = r$, somit muß C auf dem Halbkreis über AB liegen.

---

[1] *Thalessatz:* Jeder Winkel, dessen Scheitelpunkt auf einem Halbkreis liegt, ist ein rechter Winkel.

● *Aufgaben*

1.107 Beweisen Sie den *Kosinussatz* in der Form

a) $b^2 = a^2 + c^2 - 2ac\cos\beta;$ b) $c^2 = a^2 + b^2 - 2ab\cos\gamma.$

1.108 Beweisen Sie den Lehrsatz des *Pythagoras* vektoriell.

1.109 Beweisen Sie folgenden Satz:

Ein Parallelogramm ist genau dann ein Rhombus, wenn die beiden Diagonalen orthogonal zueinander sind.

1.110 Ebenso:

Im Parallelogramm ist die Summe der Quadrate über den Diagonalen e und f gleich der doppelten Summe der Quadrate über den Seiten a und b.

1.111 Ebenso:

Die Winkelhalbierenden zweier sich schneidender Geraden sind orthogonal zueinander.

*1.6.2 Das Vektorprodukt

Wie bei der Einführung des Skalarproduktes soll eine physikalische Größe, diesmal das *Drehmoment*, der Aufhänger sein.

Für einen um eine feste Achse drehbaren starren Körper hängt die Intensität der Drehung nicht nur von der Größe der verursachenden Kraft F ab, sondern auch vom rechtwinkligen Abstand ihrer Wirkungslinie vom Drehpunkt D, Hebelarm genannt:

Drehmoment = Kraft mal Hebelarm.

Gemäß Bild 1.57 gilt

Drehmoment $M = Fr_0 = |\vec{F}|\,|\vec{r}| \cdot \sin\alpha,$

wobei $\vec{F}$ und $\vec{r}$ eine Ebene aufspannen, die senkrecht zur Drehachse liegt.

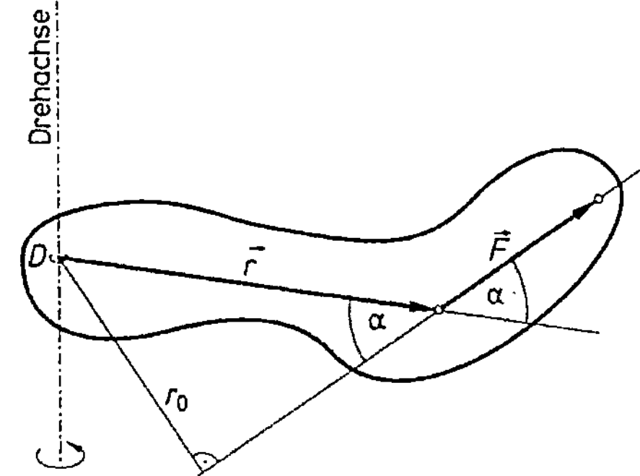

Bild 1.57
Drehmoment $\vec{M} = \vec{r} \times \vec{F}$

Der Zahlenwert M des Drehmomentes – gemessen in Nm – ist noch nicht aussagekräftig genug hinsichtlich seiner physikalischen Wirkung. Je nach Richtung der Kraft F ändert sich nämlich der Drehsinn.

Das Drehmoment bildet einen Vektor $\vec{M}$, was wie folgt festgehalten werden kann:

$\vec{M} = \vec{r} \times \vec{F}$, *Vektorprodukt*[1]) genannt.

Mit der Reihenfolge „r vor F" soll dokumentiert werden, daß die Vektoren $\vec{r}$, $\vec{F}$ und $\vec{M}$ ein *Rechtssystem* bilden, entsprechend der Anordnung von x-, y- und z-Achse des $\mathbb{R}^3$.

---

[1]) gelesen: „r *kreuz F*", daher auch *Kreuzprodukt* genannt.

Anders formuliert: Die Richtung von $\overrightarrow{M}$ ergibt sich im Sinne der Rechtsschraubenregel durch kürzeste Drehung von $\vec{r}$ nach $\overrightarrow{F}$ (Bild 1.58).

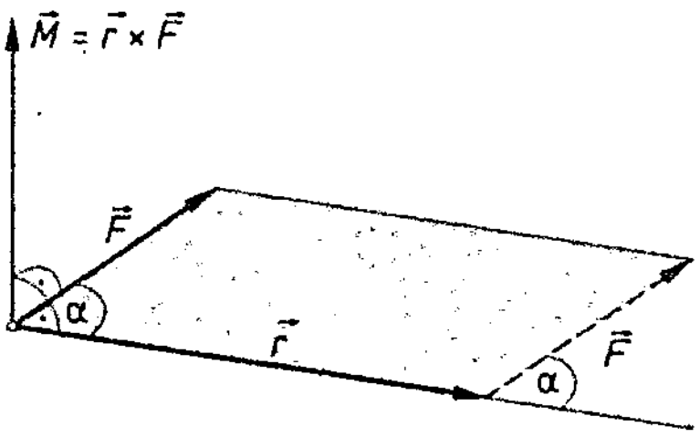

Bild 1.58
Rechtsdrehendes Moment $\overrightarrow{M} = \vec{r} \times \overrightarrow{F}$

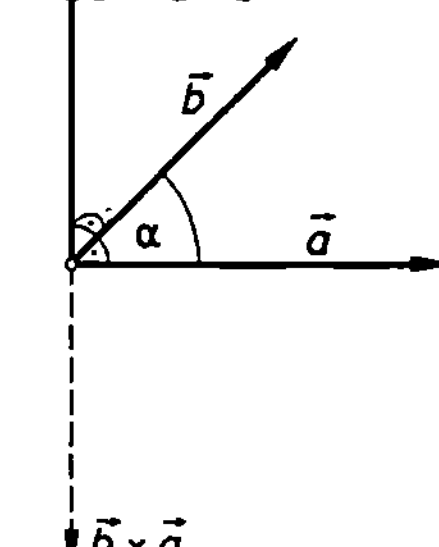

Noch besser läßt sich der Sachverhalt mit abgespreiztem Daumen, Zeige- und Mittelfinger der rechten Hand veranschaulichen:

Markiert der Zeigefinger den Vektor $\vec{r}$ und der Mittelfinger den Vektor $\overrightarrow{F}$, dann gibt der Daumen die Richtung von $\overrightarrow{M}$ an.

Damit dürfte auch klar sein, daß das Vektorprodukt nicht kommutativ sein kann; es gilt:

$$\vec{r} \times \overrightarrow{F} = -(\overrightarrow{F} \times \vec{r}).^{1)}$$

In der Physik wird demzufolge unterschieden zwischen *rechts-* und *linksdrehenden* Momenten[2].

Verallgemeinernd läßt sich das *Vektorprodukt* zweier Vektoren wie folgt definieren:

Definition 1.17

Es seien $\vec{a}$ und $\vec{b}$ nicht-kollineare Vektoren.

Dann versteht man unter dem vektoriellen Produkt von $\vec{a}$ und $\vec{b}$ den Vektor

$$\vec{c} := \vec{a} \times \vec{b}$$

mit folgenden Eigenschaften:

1. $|\vec{c}| = |\vec{a}||\vec{b}| \cdot \sin\alpha$, wobei $\alpha = \sphericalangle(\vec{a}, \vec{b})$ mit $0° \leq \alpha \leq 180°$;
2. $\vec{c}$ ist orthogonal zu $\vec{a}$ und $\vec{b}$;
3. $\vec{a}, \vec{b}$ und $\vec{c}$ (mit $\vec{c} \neq \vec{0}$) bilden in dieser Reihenfolge ein Rechtssystem.

Die Veranschaulichung des Vektorproduktes erfolgt gemäß Bild 1.59. Die zusätzliche Darstellung des Vektors $\vec{b} \times \vec{a} = -(\vec{a} \times \vec{b})$ soll an das festgelegte Rechtssystem erinnern.

Hinweis: Für $\vec{a} = \vec{0}$ oder $\vec{b} = \vec{0}$ wird $\vec{a} \times \vec{b} = \vec{0}$ festgesetzt.

Bild 1.59
Vektorprodukt $\vec{a} \times \vec{b} = -(\vec{b} \times \vec{a})$

---

[1] Eine Schraube anzuziehen ist etwas anderes als sie zu lösen.
[2] Schlußfolgerung hieraus: das Hebelgesetz.

Sonderfälle:

1. $\vec{a}$ ist *kollinear* zu $\vec{b}$ $(\vec{a} \uparrow\uparrow \vec{b})$:

a) $\boxed{\vec{a} \neq \vec{b}}$

$|\vec{a} \times \vec{b}| = |\vec{a}||\vec{b}| \cdot \sin 0°$

$|\vec{a} \times \vec{b}| = 0.$

b) $\boxed{\vec{a} = \vec{b}}$

$|\vec{a} \times \vec{a}| = |\vec{a}||\vec{a}| \cdot \sin 0°$

$|\vec{a} \times \vec{a}| = 0.$

Entsprechend sinnvoll ist die Festsetzung

$\vec{a} \times \vec{b} = 0$, woraus speziell resultiert, daß $\boxed{\vec{a} \times \vec{b} = \vec{0}}$.

Wichtige Schlußfolgerung:

> Zwei Vektoren sind linear abhängig voneinander, wenn ihr Vektorprodukt Null wird.

2. $\vec{a}$ ist *orthogonal* zu $\vec{b}$ $(\vec{a} \perp \vec{b})$:

$|\vec{a} \times \vec{b}| = |\vec{a}||\vec{b}| \cdot \sin 90°$, wegen $\sin 90° = 1$ folgt

$|\vec{a} \times \vec{b}| = |\vec{a}||\vec{b}|.$

Eigenschaften des Vektorproduktes

> a) nicht-kommutativ: $\vec{a} \times \vec{b} = -(\vec{b} \times \vec{a})$;
> b) distributiv: $\vec{a} \times (\vec{b} + \vec{c}) = \vec{a} \times \vec{b} + \vec{a} \times \vec{c}$.
> c) gemischt assoziativ: $\lambda(\vec{a} \times \vec{b}) = (\lambda\vec{a}) \times \vec{b} = \vec{a} \times (\lambda\vec{b})$, wobei $\lambda \in \mathbb{R}$.

Achtung: Die übliche *assoziative* Verknüpfung gilt nicht, wohl aber macht es Sinn, das Vektorprodukt dreier Vektoren anzugeben. Ausblickend sei der sog. *Entwicklungssatz* genannt, der die Verbindung zum Skalarprodukt schafft:

$$\vec{a} \times (\vec{b} \times \vec{c}) = \vec{b}(\vec{a} \cdot \vec{c}) - \vec{c}(\vec{a} \cdot \vec{b}).$$

Vektorprodukt für Vektoren des Anschauungsraumes

Aufgrund bisheriger Überlegungen vorab soviel:

> Das Vektorprodukt gleicher Einheitsvektoren ist der Nullvektor,
> das Vektorprodukt ungleicher Einheitsvektoren liefert den jeweils fehlenden dritten
> (positiven oder negativen) Einheitsvektor.

Die nebenstehende Tabelle faßt die Ergebnisse zusammen, wobei z. B.

$\vec{e}_x \times \vec{e}_y = \vec{e}_z$ bzw. $\vec{e}_z \times \vec{e}_y = -\vec{e}_x$

abzulesen ist.

	$\vec{e}_x$	$\vec{e}_y$	$\vec{e}_z$
$\vec{e}_x$	$\vec{0}$	$\vec{e}_z$	$-\vec{e}_y$
$\vec{e}_y$	$-\vec{e}_z$	$\vec{0}$	$\vec{e}_x$
$\vec{e}_z$	$\vec{e}_y$	$-\vec{e}_x$	$\vec{0}$

Für zwei beliebige Vektoren $\vec{a}$ und $\vec{b}$ des Anschauungsraumes heißt es zunächst einmal

$$\vec{a} \times \vec{b} = (a_x\vec{e}_x + a_y\vec{e}_y + a_z\vec{e}_z) \times (b_x\vec{e}_x + b_y\vec{e}_y + b_z\vec{e}_z);$$

unter Anwendung des Distributivgesetzes erschließt sich

$$\vec{a} \times \vec{b} = a_x \vec{e}_x \times (b_x \vec{e}_x + b_y \vec{e}_y + b_z \vec{e}_z) + a_y \vec{e}_y \times (b_x \vec{e}_x + \ldots) + a_z \vec{e}_z \times (b_x \vec{e}_x + \ldots)$$

$$= a_x \vec{e}_x \times b_x \vec{e}_x + a_x \vec{e}_x \times b_y \vec{e}_y + a_x \vec{e}_x \times b_z \vec{e}_z + \ldots + a_z \vec{e}_z \times b_z \vec{e}_z;$$

da das vektorielle Produkt gemischt-assoziativ ist, folgt

$$\vec{a} \times \vec{b} = \quad a_x b_x (\vec{e}_x \times \vec{e}_x) + a_x b_y (\vec{e}_x \times \vec{e}_y) + a_x b_z (\vec{e}_x \times \vec{e}_z) +$$

$$+ a_y b_x (\vec{e}_y \times \vec{e}_x) + a_y b_y (\vec{e}_y \times \vec{e}_y) + a_y b_z (\vec{e}_y \times \vec{e}_z) +$$

$$+ a_z b_x (\vec{e}_z \times \vec{e}_x) + a_z b_y (\vec{e}_z \times \vec{e}_y) + a_z b_z (\vec{e}_z \times \vec{e}_z).$$

Unter Berücksichtigung obiger Tabellenwerte resultiert

$$\vec{a} \times \vec{b} = a_x b_y \vec{e}_z + a_x b_z (-\vec{e}_y) + a_y b_x (-\vec{e}_z) + a_y b_z \vec{e}_x + a_z b_x \vec{e}_y + a_z b_y (-\vec{e}_x)$$

$$= a_x b_y \vec{e}_z - a_x b_z \vec{e}_y - a_y b_x \vec{e}_z + a_y b_z \vec{e}_x + a_z b_x \vec{e}_y - a_z b_y \vec{e}_x$$

$$\vec{a} \times \vec{b} = (a_y b_z - a_z b_y) \vec{e}_x - (a_x b_z - a_z b_x) \vec{e}_y + (a_x b_y - a_y b_x) \vec{e}_z$$

oder

$$\vec{a} \times \vec{b} = (a_y b_z - a_z b_y) \vec{e}_x + (a_z b_x - a_x b_z) \vec{e}_y + (a_x b_y - a_y b_x) \vec{e}_z.$$

Satz 1.10

Für zwei Vektoren $\vec{a}$ und $\vec{b}$ des $\mathbb{R}^3$ lautet das Vektorprodukt

$$\vec{a} \times \vec{b} = \begin{pmatrix} a_x \\ a_y \\ a_z \end{pmatrix} \times \begin{pmatrix} b_x \\ b_y \\ b_z \end{pmatrix} = \begin{pmatrix} a_y b_z - a_z b_y \\ a_z b_x - a_x b_z \\ a_x b_y - a_y b_x \end{pmatrix}.$$

Für *Vektoren des $\mathbb{R}^2$* gilt Entsprechendes:

Wegen $a_z = 0$ und $b_z = 0$ resultiert $\begin{pmatrix} a_x \\ a_y \end{pmatrix} \times \begin{pmatrix} b_x \\ b_y \end{pmatrix} = (a_x b_y - a_y b_x) \vec{e}_z.$

Das Vektorprodukt als *symbolische*[1]) Determinante

Einfacher in der Anwendung ist die Determinantenschreibweise des Vektorproduktes.

Aus $\quad \vec{a} \times \vec{b} = (a_y b_z - a_z b_y) \vec{e}_x + (a_z b_x - a_x b_z) \vec{e}_y + (a_x b_y - a_y b_x) \vec{e}_z$

erschließt sich in Anlehnung an Definition 1.14

$$\vec{a} \times \vec{b} = \begin{vmatrix} \vec{e}_x & a_x & b_x \\ \vec{e}_y & a_y & b_y \\ \vec{e}_z & a_z & b_z \end{vmatrix} = \begin{vmatrix} \vec{e}_x & \vec{e}_y & \vec{e}_z \\ a_x & a_y & a_z \\ b_x & b_y & b_z \end{vmatrix}^{\,2)}.$$

---

[1]) *Symbolisch* deshalb, weil mit dem Begriff der Determinante eigentlich ein Zahlenwert verknüpft ist; hier ergibt sich jedoch ein Vektor.

[2]) Zur Erinnerung: *Zeilen* und *Spalten* einer Determinante dürfen miteinander vertauscht werden.

▶ *Beispiel:* Bestimmen Sie für $\vec{a} = \begin{pmatrix} -2 \\ 1 \\ -1 \end{pmatrix}$ und $\vec{b} = \begin{pmatrix} 2 \\ -3 \\ 4 \end{pmatrix}$ das Vektorprodukt.

Lösung

Regel von Sarrus:

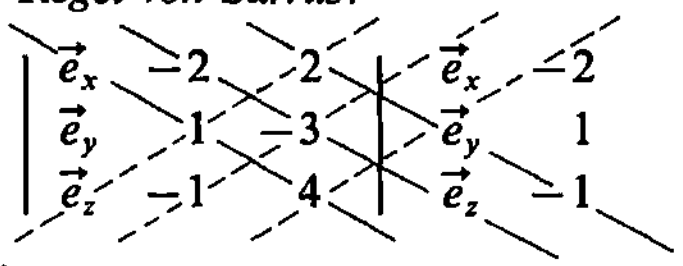

$$\vec{a} \times \vec{b} = \begin{vmatrix} \vec{e}_x & -2 & 2 \\ \vec{e}_y & 1 & -3 \\ \vec{e}_z & -1 & 4 \end{vmatrix};$$

$$\vec{a} \times \vec{b} = 4\vec{e}_x + 6\vec{e}_z - 2\vec{e}_y = (2\vec{e}_z + 3\vec{e}_x - 8\vec{e}_y)$$

$$\vec{a} \times \vec{b} = \vec{e}_x + 6\vec{e}_y + 4\vec{e}_z = \begin{pmatrix} 1 \\ 6 \\ 4 \end{pmatrix}.$$

Hinweis: Sind $\vec{a}$ und $\vec{b}$ in Zeilenschreibweise gegeben, empfiehlt sich die zweite Form der symbolischen Determinante. – Probieren Sie es aus.

Geometrische Veranschaulichung des Vektorproduktes

Fläche eines Parallelogrammes

Ein durch die Vektoren $\vec{a}$ und $\vec{b}$ aufgespanntes Parallelogramm (Bild 1.60) hat folgende Fläche:

$A_\square = a \cdot h = a \cdot b \cdot \sin\alpha,$ vektoriell geschrieben:

$A_\square = |\vec{a}||\vec{b}|\sin\alpha$ oder

$$\boxed{A_\square = |\vec{a} \times \vec{b}|}.$$

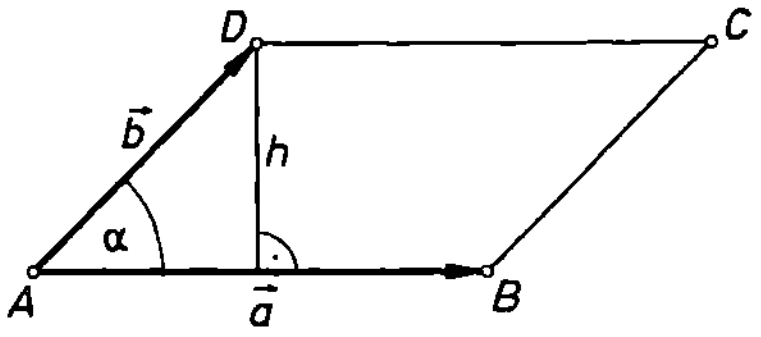

Bild 1.60
Parallelogrammfläche

▶ *Beispiel:* Die Vektoren $\vec{a} = (-2, 1, -1)$ und $\vec{b} = (2, -3, 4)$ spannen im $\mathbb{R}^3$ ein Parallelogramm auf. Bestimmen Sie dessen Fläche.

Lösung: Wegen $\vec{a} \times \vec{b} = (1, 6, 4)$ (siehe oben) folgt

$$A = |\vec{a} \times \vec{b}| = \sqrt{(\vec{a} \times \vec{b})^2} = \sqrt{1^2 + 6^2 + 4^2} = \sqrt{53}\,FE$$

$$A \approx 7{,}28\,FE.$$

Fläche eines Dreiecks

Die obige Aussage über die Flächenbestimmung eines Parallelogramms läßt sich übertragen auf Dreiecksflächen:

$$\boxed{A_\Delta = \tfrac{1}{2}|\vec{a} \times \vec{b}|}\;;\quad \text{entsprechend:}\quad A_\Delta = \tfrac{1}{2}|\vec{b} \times \vec{c}|\quad \text{bzw.}\quad A_\Delta = \tfrac{1}{2}|\vec{a} \times \vec{c}|.$$

Sonderfall: **Fläche eines Dreiecks im $\mathbb{R}^2$**

Für das in Bild 1.61 markierte Dreieck gilt zunächst einmal

$$A_\Delta = \tfrac{1}{2}|\vec{a} \times \vec{b}|;$$

mit $\qquad \vec{a} \times \vec{b} = (a_x b_y - a_y b_x)\vec{e}_z$ (siehe weiter oben) folgt

$$|\vec{a} \times \vec{b}| = \sqrt{(a_x b_y - a_y b_x)^2}$$ oder

$$|\vec{a} \times \vec{b}| = |a_x b_y - a_y b_x|.$$

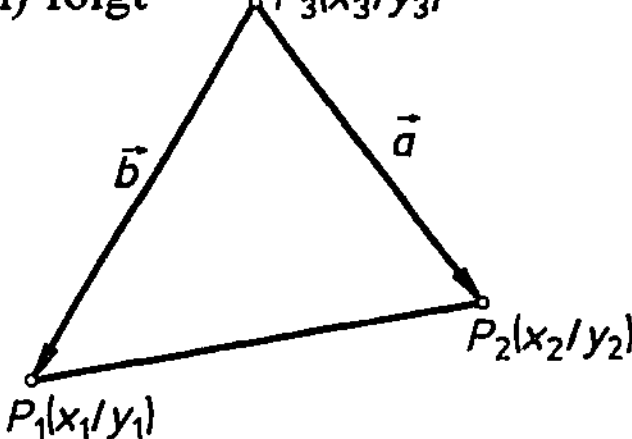

Bild 1.61
Dreiecksfläche

Wegen $\vec{a} = (x_2 - x_3,\ y_2 - y_3)$ und $\vec{b} = (x_1 - x_3,\ y_1 - y_3)$ ergibt sich

$$A_\Delta = \tfrac{1}{2}|(x_2 - x_3)(y_1 - y_3) - (y_2 - y_3)(x_1 - x_3)|$$

$$A_\Delta = \tfrac{1}{2}|(x_2 y_1 - x_2 y_3 - x_3 y_1 + x_3 y_3) - (x_1 y_2 - x_3 y_2 - x_1 y_3 + x_3 y_3)|$$

$$\boxed{A_\Delta = \tfrac{1}{2}|x_1(y_2 - y_3) + x_2(y_3 - y_1) + x_3(y_1 - y_2)|}\ .$$

So könnte es bereits stehen bleiben; aber es geht noch einfacher:

$$A_\Delta = \frac{1}{2} \left\| \begin{array}{ccc} x_1 & y_1 & 1 \\ x_2 & y_2 & 1 \\ x_3 & y_3 & 1 \end{array} \right\|\ .$$

Der doppelte Strich sollte nicht irritieren. Hiermit wird gekennzeichnet, daß der *Betrag* der Determinante den Flächeninhalt des Dreiecks wiedergibt.

▶ *Beispiel:* Die Fläche eines Dreiecks, festgelegt durch $A(-1/-2)$, $B(5/1)$ und $C(2/6)$, ist zu berechnen.

Lösung

$$A_\Delta = \frac{1}{2} \left\| \begin{array}{ccc} -1 & -2 & 1 \\ 5 & 1 & 1 \\ 2 & 6 & 1 \end{array} \right\| = \ldots = \tfrac{1}{2} \cdot 39\ FE = 19{,}5\ FE.$$

Hinweis: Daß die Betragsstriche hier nicht zur Geltung kommen, liegt einfach daran, daß die Eckpunkte im mathematischen Drehsinn angegeben worden sind. – Bei umgekehrter Reihenfolge zeigt sich ihre Bedeutung. – Bitte ausprobieren!

● *Aufgaben*

1.112 Bilden Sie die Vektorprodukte $\vec{a} \times \vec{b}$ bzw. $\vec{b} \times \vec{a}$; bestimmen Sie deren Beträge:

a) $\vec{a} = \begin{pmatrix} 1 \\ 2 \\ -2 \end{pmatrix}$, $\vec{b} = \begin{pmatrix} 1 \\ 3 \\ 1 \end{pmatrix}$; $\qquad$ b) $\vec{a} = \begin{pmatrix} 2 \\ 2 \\ 5 \end{pmatrix}$, $\vec{b} = \begin{pmatrix} 1 \\ -1 \\ 2 \end{pmatrix}$;

c) $\vec{a} = \begin{pmatrix} -3 \\ 0 \\ 4 \end{pmatrix}$, $\vec{b} = \begin{pmatrix} 2 \\ 1 \\ -2 \end{pmatrix}$; $\qquad$ d) $\vec{a} = \begin{pmatrix} 4 \\ -1 \\ 2 \end{pmatrix}$, $\vec{b} = \begin{pmatrix} -1 \\ 3 \\ 0 \end{pmatrix}$.

1.113 Ermitteln Sie die Größe der Drehmomente in Nm und die Länge der Hebelarme r_0 in mm, wenn gilt:

a) $\vec{F} = (100,\ 120,\ 150)\,\text{N}$
$\vec{r} = (300,\ 200,\ 400)\,\text{mm}$
$\qquad$
b) $\vec{F} = (-150,\ -120,\ 200)\,\text{N}$
$\vec{r}(-500,\ -200,\ 300)\,\text{mm}.$

1.114 Überprüfen Sie mit Hilfe des vektoriellen Produktes, ob die Vektoren $\vec{a}$ und $\vec{b}$ kollinear sind:

a) $\vec{a} = \begin{pmatrix} 3 \\ -2 \\ -6 \end{pmatrix}$, $\vec{b} = \begin{pmatrix} -4 \\ 3 \\ 8 \end{pmatrix}$;   b) $\vec{a} = \begin{pmatrix} 8 \\ -4 \\ 6 \end{pmatrix}$, $\vec{b} = \begin{pmatrix} -12 \\ 6 \\ -9 \end{pmatrix}$.

1.115 Berechnen Sie die Fläche der Dreiecke, die durch ihre Eckpunkte wie folgt festgelegt sind:

a) $A(0/-1)$, $B(4/1)$, $C(-2/5)$;   b) $A(-2/3)$, $B(3/-6)$, $C(4/5)$.

1.116 Landvermesser haben ein Baugelände mit folgenden Koordinaten festgelegt (Angabe in m):

$$P_1(0/0/0), \quad P_2(300/200/20), \quad P_3(150/500/25).$$

Mit wieviel m^2 wird die Fläche als Bauland ausgewiesen?

1.117 Zur Gewinnung von Sonnenenergie werden Sonnenkollektoren in einer dreieckigen Rahmenkonstruktion gemäß Bild 1.62 aufgeständert.

Berechnen Sie die Fläche, wenn die Halterungen, bezogen auf eine Meßstation, mit folgenden Koordinaten (Angabe in m) gegeben sind: $P_1(20/10/1)$, $P_2(25/12/2)$, $P_3(22/15/3)$.

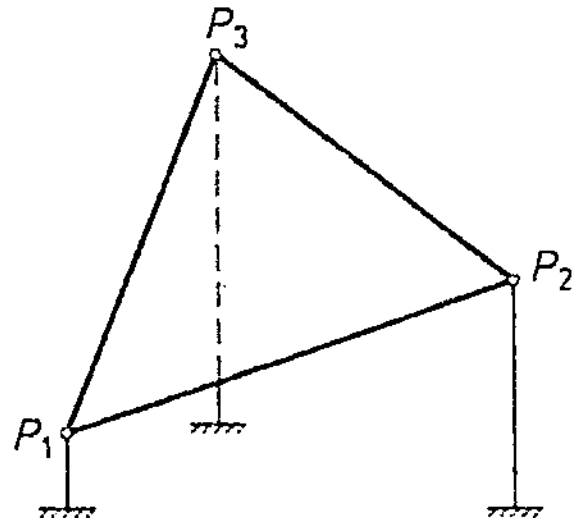

Bild 1.62

1.118 Ein Messepavillon in Form eines Tetraeders ist wie folgt markiert (Angabe in m):

$$A(0/0/0), \quad B(4/0/0), \quad C(0/4/0), \quad D(1/1/4).$$

Das Dach (ausgenommen die Bodenfläche ABC) soll mit Kupferblech belegt werden. – Geben Sie den Mindest-Blechbedarf an.

1.119 Ein Sonnensegel in Form eines Parallelogramms soll zwischen folgenden Punkten (Angabe in m) einer Ausstellungsfläche aufgehängt werden:

$$P_1(5/1/2), \quad P_2(9/3/3), \quad P_3(12/6/5), \quad P_4(8/4/4).$$

Wieviel m^2 Leinen sind erforderlich, wenn 20 % für Verschnitt hinzuzurechnen sind?

1.120 An einem quaderförmigen Halbzeug aus Werkzeugstahl soll zwecks Herstellung eines Ausschneidstempels eine trapezförmige Kontur mit folgenden Stützpunkten (Angabe in mm, bezogen auf den Werkstück-Nullpunkt) angefräst werden:

$$P_1(50/10/-2), \quad P_2(130/50/-12), \quad P_3(100/40/-22), \quad P_4(60/20/-17).$$

Wie groß ist die durch die Stützpunkte markierte Fläche?

1.121 Vor der Nordseeküste hat ein Tanker Öl verloren, das sich angenähert in Form eines Vierecks auf dem Wasser abzeichnet. Um den Bindemitteleinsatz zu kalkulieren, soll die Fläche des Ölteppichs ermittelt werden. Über Satellit werden die Eckpunkte des Vierecks, bezogen auf die Radaranlage des Entsorgungsschiffes (Angabe in m), wie folgt markiert:

$$P_1(500/200/-10), \quad P_2(1\,300/500/-10), \quad P_3(1\,000/800/-10), \quad P_4(700/900/-10).$$

Welche Fläche hat der Ölteppich?

1.122 Beweisen Sie den *Sinussatz* vektoriell.

Hinweis: Verwenden Sie die Flächenformeln für das Dreieck.

*1.6.3   Das Spatprodukt

Das *Skalar-* oder *Punktprodukt*

$$\vec{a} \cdot \vec{b} =: (\vec{a}, \vec{b}),$$

auch *inneres* Produkt genannt, ergibt einen *Skalar*;

das *Vektor-* oder *Kreuzprodukt*

$$\vec{a} \times \vec{b} =: [\vec{a}, \vec{b}],$$

auch *äußeres* Produkt genannt, ergibt einen *Vektor*.

Die Verknüpfung beider Produkte wird *Spatprodukt* oder auch *gemischtes* Produkt genannt und ist wie folgt definiert:

Definition 1.18

Es seien $\vec{a}$, $\vec{b}$ und $\vec{c}$ vom Nullvektor verschieden.

Dann versteht man unter dem *Spatprodukt* die Verknüpfung

$$(\vec{a} \times \vec{b}) \cdot \vec{c} =: \langle \vec{a}, \vec{b}, \vec{c} \rangle.$$

Das Ergebnis ist eine reelle Zahl (wieso?), also ein Skalar.

Hinweis: Für $\vec{a} = \vec{0}$ oder $\vec{b} = \vec{0}$ oder $\vec{c} = \vec{0}$ wird $\langle \vec{a}, \vec{b}, \vec{c} \rangle = 0$ festgesetzt.

Geometrische Veranschaulichung

Das Spatprodukt liefert das Volumen eines durch drei Vektoren (Bild 1.63) aufgespannten Parallelepipeds (= Spat):

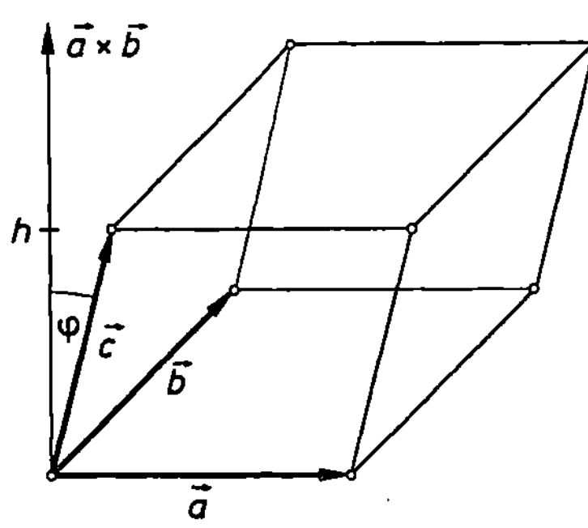

Bild 1.63
Spatprodukt $\langle \vec{a}, \vec{b}, \vec{c} \rangle$

$V = $ Grundfläche *mal* Höhe, also

$$V = |\vec{a} \times \vec{b}| \cdot h, \qquad \text{mit } h = |\vec{c}| \cdot \cos \alpha \quad \text{folgt}$$

$$V = |\vec{a} \times \vec{b}| \cdot |\vec{c}| \cos \alpha; \qquad \text{wegen} \quad \cos \alpha = \frac{(\vec{a} \times \vec{b}) \cdot \vec{c}}{|\vec{a} \times \vec{b}||\vec{c}|} \quad \text{erschließt sich}$$

$$V = |\vec{a} \times \vec{b}| \cdot |\vec{c}| \frac{(\vec{a} \times \vec{b}) \cdot \vec{c}}{|\vec{a} \times \vec{b}||\vec{c}|} \quad \text{und somit}$$

$$V = (\vec{a} \times \vec{b}) \cdot \vec{c}.$$

Entsprechend gilt für das Volumen einer *Pyramide*: $V = \frac{1}{3} \langle \vec{a}, \vec{b}, \vec{c} \rangle$; eines *Tetraeders* $V = \frac{1}{6} \langle \vec{a}, \vec{b}, \vec{c} \rangle$.

Hinweis: Die Aussage über die Volumina sind nur richtig, wenn $\vec{a}$, $\vec{b}$ und $\vec{c}$ ein Rechtssystem bilden. Ansonsten müssen – wie bei der Flächenberechnung mittels Vektorprodukt – Betragsstriche gesetzt werden.

Sonderfall: $\vec{a}, \vec{b}$ und $\vec{c}$ sind *komplanar*

Liegen die Vektoren $\vec{a}, \vec{b}$ und $\vec{c}$ in einer Ebene, können sie keinen Spat aufspannen.

Wichtige Schlußfolgerung:

| Drei Vektoren sind *komplanar*, wenn ihr Spatprodukt Null wird.

Spatprodukt für Vektoren des Anschauungsraumes

Gemäß obiger Definition resultiert für

$$\vec{a} = (a_x, a_y, a_z), \quad \vec{b} = (b_x, b_y, b_z) \quad \text{und} \quad \vec{c} = (c_x, c_y, c_z)$$

das Spatprodukt

$$\langle \vec{a}, \vec{b}, \vec{c} \rangle = \begin{pmatrix} a_y b_z - a_z b_y \\ a_z b_x - a_x b_z \\ a_x b_y - a_y b_x \end{pmatrix} \cdot \begin{pmatrix} c_x \\ c_y \\ c_z \end{pmatrix}, \quad \text{das Ausmultiplizieren liefert}$$

$$= (a_y b_z - a_z b_y)\, c_x + (a_z b_x - a_x b_z)\, c_y + (a_x b_y - a_y b_x)\, c_z;$$

mit 3-reihiger Determinante gemäß Definition 1.14 auch wie folgt zu schreiben:

$$\langle \vec{a}, \vec{b}, \vec{c} \rangle = \begin{vmatrix} c_x & a_x & b_x \\ c_y & a_y & b_y \\ c_z & a_z & b_z \end{vmatrix} = - \begin{vmatrix} a_x & c_x & b_x \\ a_y & c_y & b_y \\ a_z & c_z & b_z \end{vmatrix} = \begin{vmatrix} a_x & b_x & c_x \\ a_y & b_y & c_y \\ a_z & b_z & c_z \end{vmatrix}.$$

Satz 1.11

Für drei Vektoren $\vec{a}, \vec{b}$ und $\vec{c}$ des $\mathbb{R}^3$ lautet das *Spatprodukt*

$$\langle \vec{a}, \vec{b}, \vec{c} \rangle = \begin{vmatrix} a_x & b_x & c_x \\ a_y & b_y & c_y \\ a_z & b_z & c_z \end{vmatrix} = \begin{vmatrix} a_x & a_y & a_z \\ b_x & b_y & b_z \\ c_x & c_y & c_z \end{vmatrix}.$$

Hinweis: Sind $\vec{a}, \vec{b}$ und $\vec{c}$ in Zeilenschreibweise gegeben, empfiehlt sich die zweite Form der Determinante.

▶ *Beispiel:* Ein Parallelepiped ist markiert durch $\vec{a} = (4, 2, 1)$, $\vec{b} = (3, 3, 2)$ und $\vec{c} = (1, 1, 3)$. Das Volumen ist gesucht.

Lösung

$$\langle \vec{a}, \vec{b}, \vec{c} \rangle = \begin{vmatrix} 4 & 2 & 1 \\ 3 & 3 & 2 \\ 1 & 1 & 3 \end{vmatrix} = 4 \cdot (9 - 2) - 3 \cdot (6 - 1) + 1 \cdot (4 - 3) = 14\ VE.$$

● *Aufgaben*

1.123 Die Grundfläche eines Parallelepipeds sei festgelegt durch $P_1(5/1/3)$, $P_2(9/4/5)$, $P_3(12/7/7)$ und $P_4(8/4/5)$; der Punkt $P_5(7/8/10)$ der Deckfläche markiere die Kante $P_1 P_5$ des Spates.

    a) Berechnen Sie das Volumen.

    b) Wie groß ist die Oberfläche?

1.124   Wie groß ist das Volumen des in Aufgabe 1.118 beschriebenen Messepavillons?

1.125   Gegeben seien die Vektoren $\vec{a} = (4, -2, 3)$ und $\vec{b} = (-3, 1, -5)$.
Bestimmen Sie $r \in \mathbb{R}$ so, daß $\vec{c}$ komplanar zu $\vec{a}$ und $\vec{b}$ ist:

   a) $\vec{c} = (r, 4, -8)$;   b) $\vec{c} = (-1, r, 2)$;   c) $\vec{c} = (5, -2, r)$.

1.126   Zeigen Sie rechnerisch, daß gilt: $(\vec{a} \times \vec{b})\vec{c} = \vec{a}\,(\vec{b} \times \vec{c})$.
Veranschaulichen Sie den Sachverhalt.

1.127   Ebenso: $(\vec{a} \times \vec{b})\vec{c} = -(\vec{a} \times \vec{c})\vec{b}$.

1.128   Bestätigen Sie: $\langle \vec{a}, \vec{b}, \vec{c} \rangle = \langle \vec{b}, \vec{c}, \vec{a} \rangle = \langle \vec{c}, \vec{a}, \vec{b} \rangle$.

2 Analytische Geometrie

Eine klassische Anwendung erschließt sich für die Vektorrechnung in der Analytischen Geometrie. In diesem Teilgebiet der Mathematik geht es darum – wie ansatzweise bereits gezeigt –, geometrische Sachverhalte arithmetisch zu beschreiben und auch arithmetisch eine Lösung anzustreben.

In diesem Rahmen wird exemplarisch auf ausgewählte Probleme der Analytischen Geometrie der Geraden eingegangen; abschließend erfolgt dann noch ein kurzer Blick auf die Analytische Geometrie der Ebene.

2.1 Analytische Geometrie der Geraden

2.1.1 Die vektorielle Geradengleichung in Parameterform

Punkt-Richtungsform

Anschauungsorientiert dürfte im euklid'schen Sinn klar sein, daß eine Gerade durch Punkt und Richtung hinreichend genau festgelegt ist. Vektoriell gesprochen heißt das, ausgehend vom Ursprung 0 eines Bezugssystems (Bild 2.1)

– mit einem Ortsvektor $\vec{r}_0$ zu einem Punkt P_0 einer Geraden g hinzuführen und
– die Richtung der Geraden durch den sog. *Richtungsvektor $\vec{v}$* anzugeben, dessen Repräsentanten parallel zu dieser Geraden g verlaufen.

Um formal festhalten zu können, daß – ausgehend von P_0 – jeder x-beliebige Punkt P_x der Geraden g durch entsprechende Skalarmultiplikation der reellen Zahl λ mit dem Richtungsvektor $\vec{v}$ erreicht werden kann, schreibt man für den Ortsvektor $\vec{x} := \overrightarrow{OP_x}$ die Vektorgleichung

$$\vec{x} = \vec{r}_0 + \lambda \cdot \vec{v}.$$

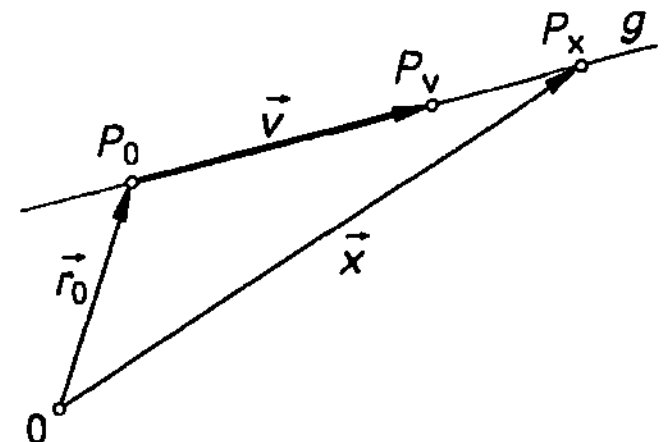

Bild 2.1
Punkt-Richtungsform
einer Geraden g: $\vec{x} = \vec{r}_0 + \lambda\vec{v}$

Der Vektor $\vec{x}$ tastet gewissermaßen wie mit einem Laserstrahl in Abhängigkeit von λ jeden Punkt der Geraden g ab:

Mit $\left\{\begin{array}{l}\lambda < 0 \\ \lambda > 0\end{array}\right\}$ sind alle Punkte P_x der Geraden $\left\{\begin{array}{l}\text{links} \\ \text{rechts}\end{array}\right\}$ von P_0 erfaßt.

Für $\lambda > 1$ ergeben sich alle Punkte P_x der Geraden, die auf der Verlängerung der gerichteten Strecke $P_0 P_v$ liegen.

Mit $0 < \lambda < 1$ werden alle Punkte P_x innerhalb von $P_0 P_v$ angesprochen.

Für $\lambda = 0$ sind Hinführungs- und Abtastvektor identisch.

Die Charakteristik der Geraden kann auf diese Weise festgehalten werden:

Definition 2.1

Es sei g eine Gerade, festgelegt durch P_0 bzw. Stützvektor $\vec{r}_0$ und einem zu $\vec{v} \neq \vec{0}$ kollinearen Richtungsvektor.

Dann heißt die Darstellung

$$\boxed{\vec{x} = \vec{r}_0 + \lambda \vec{v}} \quad \text{mit} \quad \lambda \in \mathbb{R}$$

Punkt-Richtungsform der Geradengleichung zu g.

Zweipunkte-Form

Ist die Richtung der Geraden g durch zwei Punkte P_1 und P_2 markiert (Bild 2.2), repräsentiert $\overrightarrow{P_1 P_2} = \vec{r}_2 - \vec{r}_1$ den Richtungsvektor $\vec{v}$.

Die gesonderte Ausweisung eines Stützvektors ist nicht erforderlich, z.B. übernimmt P_1 diese Aufgabe.

Entsprechend schreibt sich die vektorielle Geradengleichung in der

$$\boxed{\textit{Zweipunkteform:} \quad \vec{x} = \vec{r}_1 + \lambda(\vec{r}_2 - \vec{r}_1)} \quad .$$

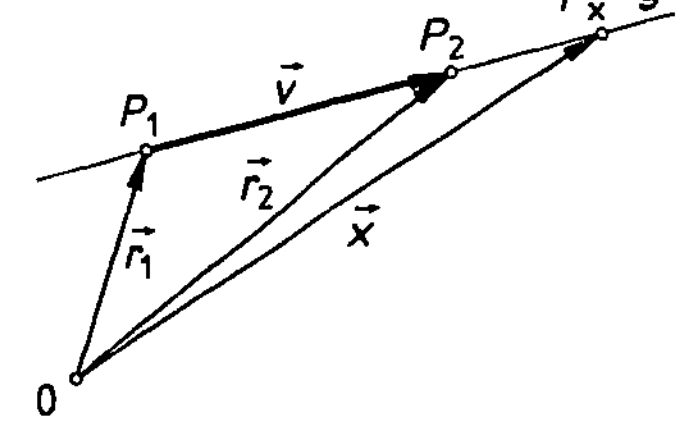

Bild 2.2
Zweipunkteform einer Geraden g:
$\vec{x} = \vec{r}_1 + \lambda \cdot (\vec{r}_2 - \vec{r}_1)$

Die reelle Zahl λ wird Parameter[1]) genannt. Somit dürfte verständlich sein, daß die beiden vorgestellten vektoriellen Geradengleichungen auch unter dem Begriff *Parameterform der Geradengleichung* zusammengefaßt werden.

---

[1] *Parameter*: veränderbare Hilfsgröße

Geraden im Anschauungsraum

Die Gerade im $\mathbb{R}^3$

Hier heißt die Zweipunkteform allgemein wie folgt:

$$g:\ \vec{x} = \begin{pmatrix} x_1 \\ y_1 \\ z_1 \end{pmatrix} + \lambda \begin{pmatrix} x_2 - x_1 \\ y_2 - y_1 \\ z_2 - z_1 \end{pmatrix}.$$

▶ **Beispiel:** Die Gerade durch $P_1(1/-2/3)$ und $P_2(4/3/5)$ soll in Parameterform angegeben werden.

Lösung: Mit Stützvektor $\vec{r}_1$ und Richtungsvektor $\vec{v} = \vec{r}_2 - \vec{r}_1$ folgt

$$g:\ \vec{x} = \begin{pmatrix} 1 \\ -2 \\ 3 \end{pmatrix} + \lambda \begin{pmatrix} 3 \\ 5 \\ 2 \end{pmatrix}.$$

λ	-1	0	1	2
$P \in g$	$(-1/-4/-1)$	$(1/-2/3)$	$(4/3/5)$	$(7/8/7)$

Die in Tabellenform aufgelisteten ausgewählten Punkte der Geraden sollen die Bedeutung des Parameters λ nochmals veranschaulichen.

Vektorielle Geradengleichung – lineare Funktionsgleichung

Die bisherigen Ausführungen gelten entsprechend für die $\mathbb{R}^2$-Ebene, lediglich die z-Komponenten entfallen. Daß es darüberhinaus Sinn macht, statt vom Richtungsvektor $\vec{v}$ vom Steigungsvektor $\vec{m}$ zu reden, ist ansich von sekundärer Bedeutung. Es erleichtert aber das nachfolgende Unterfangen, die Gegenüberstellung von

vektorieller Geradengleichung und *linearer Funktionsgleichung*

vorzunehmen.

Für die in Bild 2.3 dargestellte Gerade mit Steigungsvektor $\vec{m} = \begin{pmatrix} 3 \\ 2 \end{pmatrix}$ ergeben sich z. B. folgende Möglichkeiten der Parameterform:

$$\vec{x}_1 = \begin{pmatrix} -3 \\ 0 \end{pmatrix} + \lambda_1 \begin{pmatrix} 3 \\ 2 \end{pmatrix} \quad \text{oder}$$

$$\vec{x}_2 = \begin{pmatrix} 0 \\ 2 \end{pmatrix} + \lambda_2 \begin{pmatrix} 3 \\ 2 \end{pmatrix} \quad \text{oder}$$

$$\vec{x}_3 = \begin{pmatrix} 3 \\ 4 \end{pmatrix} + \lambda_3 \begin{pmatrix} 3 \\ 2 \end{pmatrix} \quad \text{usw.}$$

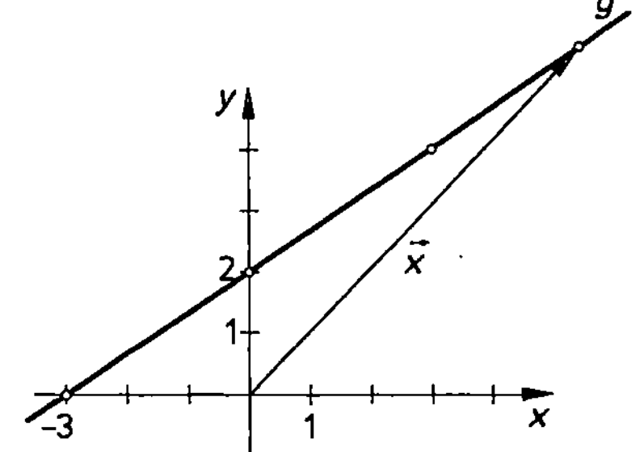

Bild 2.3
Verschiedene Einstiegspunkte
einer Geraden in Parameterform

Die Umwandlung in eine lineare Funktionsgleichung geschieht wie folgt:

$$\vec{x}_1 = \begin{pmatrix} x \\ y \end{pmatrix} = \begin{pmatrix} -3 \\ 0 \end{pmatrix} + \lambda_1 \begin{pmatrix} 3 \\ 2 \end{pmatrix} \Rightarrow \begin{cases} (1)\ x = -3 + 3\lambda_1 \\ (2)\ y = 0 + 2\lambda_1. \end{cases}$$

Multiplikation von Gleichung (1) mit Faktor 3 bzw. von Gleichung (2) mit Faktor 2 führt nach sich anschließender Subtraktion (1) − (2) auf

$$2x - 3y = -6 \quad \text{oder} \quad y = \tfrac{2}{3}x + 2.$$

Die Umwandlung von $\vec{x}_2$ und $\vec{x}_3$ geschieht entsprechend und liefert selbstverständlich die gleiche lineare Funktionsgleichung.

Verallgemeinerung

Gemäß Bild 2.4 gilt mit $\vec{m} = \begin{pmatrix} 1 \\ 0 \end{pmatrix} + \begin{pmatrix} 0 \\ m \end{pmatrix} = \begin{pmatrix} 1 \\ m \end{pmatrix}$

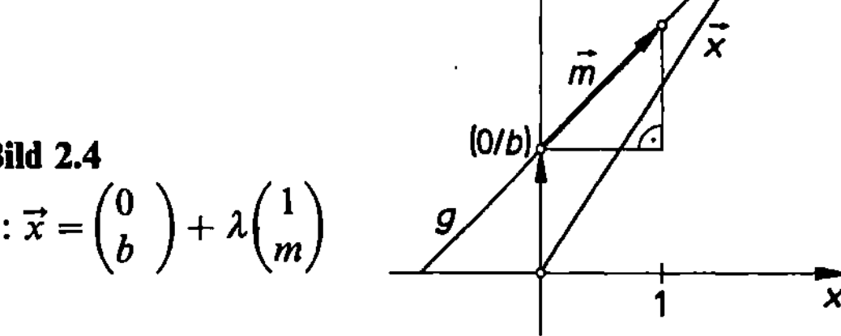

Bild 2.4

$$g: \vec{x} = \begin{pmatrix} 0 \\ b \end{pmatrix} + \lambda \begin{pmatrix} 1 \\ m \end{pmatrix}$$

$$g: \vec{x} = \begin{pmatrix} 0 \\ b \end{pmatrix} + \lambda \begin{pmatrix} 1 \\ m \end{pmatrix} \Rightarrow \begin{cases} (1) \; x = 0 + \lambda \cdot 1 \\ (2) \; y = b + \lambda \cdot m \end{cases};$$

Multiplikation von (1) mit Faktor m und eine sich anschließende Subtraktion (1) − (2) ergibt schließlich

$$mx - y = -b \Leftrightarrow y = mx + b.$$

Sonderfall: **Zweipunkteform in Koordinatenschreibweise**

Für eine im $\mathbb{R}^2$ durch $P_1(x_1/y_1)$ und $P_2(x_2/y_2)$ festgelegte Gerade gilt

$$\vec{x} = \begin{pmatrix} x_1 \\ y_1 \end{pmatrix} + \lambda \begin{pmatrix} x_2 - x_1 \\ y_2 - y_1 \end{pmatrix} \Rightarrow \begin{cases} (1) \; x = x_1 + \lambda(x_2 - x_1) \\ (2) \; y = y_1 + \lambda(y_2 - y_1) \end{cases}.$$

Umstellen nach λ führt auf

$$\left. \begin{array}{l} (1) \; \lambda = \dfrac{x - x_1}{x_2 - x_1} \quad \text{mit} \quad x_2 \neq x_1 \\[2ex] (2) \; \lambda = \dfrac{y - y_1}{y_2 - y_1} \quad \text{mit} \quad y_2 \neq y_1 \end{array} \right\} \Rightarrow \dfrac{x - x_1}{x_2 - x_1} = \dfrac{y - y_1}{y_2 - y_1} \Leftrightarrow \boxed{\dfrac{y - y_1}{x - x_1} = \dfrac{y_2 - y_1}{x_2 - x_1}}.$$

**Determinantenschreibweise*

Wird die in Koordinatenschreibweise angegebene *Zweipunkteform* überkreuz multipliziert, ergibt sich

$$(y - y_1)(x_2 - x_1) = (x - x_1)(y_2 - y_1) \Leftrightarrow (x - x_1)(y_2 - y_1) - (y - y_1)(x_2 - x_1) = 0.$$

Das läßt sich letztendlich als symbolische 2-reihige Determinante schreiben:

> **Satz 2.1**
>
> Die Funktionsgleichung einer durch $P_1(x_1/y_1)$ und $P_2(x_2/y_2)$ markierten Geraden g ergibt sich durch
>
> $$\begin{vmatrix} x - x_1 & x_2 - x_1 \\ y - y_1 & y_2 - y_1 \end{vmatrix} = 0.$$

▶ **Beispiel:** Funktionsgleichung der Geraden g durch $P_1(3/4)$ und $P_2(6/6)$ gesucht.

Lösung

$$g: \begin{vmatrix} x - 3 & 3 \\ y - 4 & 2 \end{vmatrix} = 0 \Rightarrow 2(x - 3) - 3(y - 4) = 0 \Leftrightarrow 2x - 6 - 3y + 12 = 0$$
$$2x \quad - \quad 3y \quad = -6$$
$$y = \tfrac{2}{3}x + 2.$$

● *Aufgaben*

2.1 Geben Sie die Geradengleichung in Parameterform an:

a) $P_1(-2/-1)$, $\vec{m_1} = \begin{pmatrix} 5 \\ 2 \end{pmatrix}$;

b) $P_2(-1/5)$, $\vec{m_2} = \begin{pmatrix} 2 \\ -3 \end{pmatrix}$;

c) $P_3(0/-2)$, $\vec{m_3} = \begin{pmatrix} -2 \\ 3 \end{pmatrix}$;

d) $P_4(3/4)$, $\vec{m_4} = \begin{pmatrix} -2 \\ -5 \end{pmatrix}$.

Zeichnen Sie die Geraden.

2.2 Schreiben Sie als Funktionsgleichung:

a) $\vec{x} = \begin{pmatrix} -1 \\ 5 \end{pmatrix} + \lambda \begin{pmatrix} 4 \\ -3 \end{pmatrix}$;

b) $\vec{x} = \begin{pmatrix} -2 \\ -4 \end{pmatrix} + \lambda \begin{pmatrix} 3 \\ 4 \end{pmatrix}$.

Zeichnen Sie die Geraden. – Welche Besonderheit tritt auf?

2.3 Schreiben Sie – so einfach wie möglich – in Parameterform:

a) $y = 3x - 4$;   b) $y = -\tfrac{1}{2}x + 2$;   c) $y = -\tfrac{5}{4}x + 1$.

2.4 Erstellen Sie die Funktionsgleichungen der Geraden durch

a) $P_1(-2/1)$ und $P_2(5/3)$;

b) $Q_1(-1/4)$ und $Q_2(5/-2)$.

2.5 Wie lautet jeweils die Gerade in Parameterform, die durch folgende zwei Punkte festgelegt ist:

a) $P_1(-2/5/-1)$, $P_2(4/3/3)$;

b) $Q_1(2/-3/4)$, $Q_2(-1/-2/2)$?

Was läßt sich über den Verlauf beider Geraden Besonderes aussagen?

2.6 Gegeben seien die Punkte $A(4/-2/3)$, $B(2/-3/5)$ und $C(1/-4/3)$.

Wie heißt jeweils die Geradengleichung in Parameterform, die durch

a) A geht und parallel zu BC,

b) B geht und parallel zu AC,

c) C geht und parallel zu AB verläuft?

2.7 Der in Bild 2.5 dargestellte Quader hat die Abmessungen $8\,LE \times 6\,LE \times 4\,LE$ $(l \times b \times h)$; seine Lage ist im $\mathbb{R}^3$ durch $P_1(1/2/1)$ und $P_2(9/2/1)$ festgelegt.

Geben Sie jeweils die Geradengleichung in Parameterform an, die durch folgende Punkte geht:

a) P_1 und P_7;   b) P_2 und P_8;

c) P_5 und Diagonalenschnittpunkt $\square\,P_1P_2P_3P_4$;

d) P_7 und Diagonalenschnittpunkt $\square\,P_1P_4P_8P_5$.

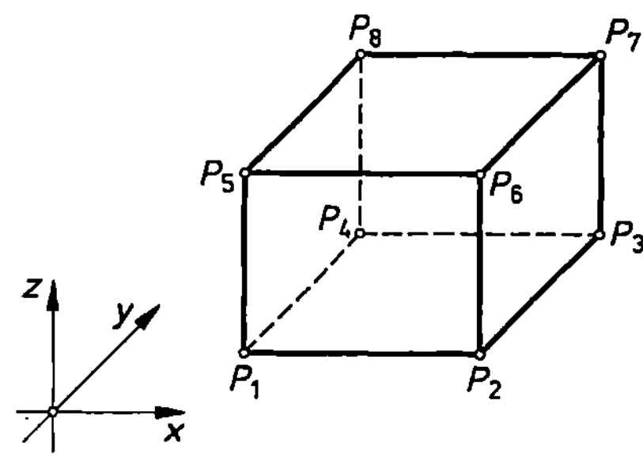

Bild 2.5

2.1.2 Lagebeziehungen von Punkt und Gerade

Inzidenznachweis

Darunter versteht man das arithmetische Verfahren, nachzuweisen, ob ein Punkt auf einer vorgegebenen Geraden liegt oder aber nicht.

▶ *Beispiel:* Liegt $P(-5/-12/-1)$ auf der Geraden

$$g:\ \vec{x} = \begin{pmatrix} 1 \\ -2 \\ 3 \end{pmatrix} + \lambda \begin{pmatrix} 3 \\ 5 \\ 2 \end{pmatrix}?$$

Lösung: Der Ortsvektor $\vec{x} = (-5,\ -12,\ -1)$ wird eingesetzt, also

$$\begin{pmatrix} -5 \\ -12 \\ -1 \end{pmatrix} = \begin{pmatrix} 1 \\ -2 \\ 3 \end{pmatrix} + \lambda \begin{pmatrix} 3 \\ 5 \\ 2 \end{pmatrix} \Rightarrow \begin{cases} -5 = \ \ 1 + 3\lambda \\ -12 = -2 + 5\lambda \\ -1 = \ \ 3 + 2\lambda \end{cases}$$

Alle 3 Gleichungen führen auf $\lambda = -2$, also ist $P \in g$.

Ergäben sich unterschiedliche Lösungen für den Parameter λ, läge der zu betrachtende Punkt nicht auf der Geraden. – Probieren Sie es aus für z.B. $Q(8/5/2)$.

Schnittpunkt Gerade – Koordinatenachsen im $\mathbb{R}^2$

Für den Ansatz wird die jeweilige skalare Komponente des Abtastvektors $\vec{x}$ Null gesetzt:

Schnitt mit x-Achse:	*Schnitt mit y-Achse:*
$y = 0$ setzen, also $\vec{x}_x = \begin{pmatrix} x \\ 0 \end{pmatrix}$;	$x = 0$ setzen, also $\vec{x}_y = \begin{pmatrix} 0 \\ y \end{pmatrix}$.

▶ *Beispiel:* Wo schneidet $g:\ \vec{x} = \begin{pmatrix} -2 \\ 6 \end{pmatrix} + \lambda \begin{pmatrix} 2 \\ -3 \end{pmatrix}$ die Koordinaten-Achsen?

Lösung

Schnitt mit x-Achse:	*Schnitt mit y-Achse:*
Aus	Aus
$\vec{x} = \begin{pmatrix} x \\ 0 \end{pmatrix} = \begin{pmatrix} -2 \\ 6 \end{pmatrix} + \lambda \begin{pmatrix} 2 \\ -3 \end{pmatrix}$	$\vec{x} = \begin{pmatrix} 0 \\ y \end{pmatrix} = \begin{pmatrix} -2 \\ 6 \end{pmatrix} + \lambda \begin{pmatrix} 2 \\ -3 \end{pmatrix}$

folgt das LGS

$x = -2 + 2\lambda$
$0 = \quad 6 - 3\lambda \Leftrightarrow \lambda = 2;$

eingesetzt: $x = -2 + 2 \cdot 2$
$\underline{x = 2.}$

folgt das LGS

$0 = -2 + 2\lambda \Leftrightarrow \lambda = 1$
$y = \quad 6 - 3\lambda;$

eingesetzt: $y = 6 - 3 \cdot 1$
$\underline{y = 3.}$

Schnittpunkt Gerade – Koordinatenachsen im $\mathbb{R}^3$

Für Geraden im $\mathbb{R}^3$ ist die Frage nach den Schnittpunkten mit den Koordinaten-Achsen in der Regel nur dann sinnvoll, wenn eine Komponente gar nicht auftritt:

Keine $\begin{cases} z\text{-Komponente: Schnitt mit } x\text{- und } y\text{-Achse (siehe oben);} \\ x\text{-Komponente: Schnitt mit } y\text{- und } z\text{-Achse;} \\ y\text{-Komponente: Schnitt mit } x\text{- und } z\text{-Achse.} \end{cases}$

Die Lösungsstrategie erfolgt ansonsten wie gehabt.

Schnittpunkt Gerade – Koordinatenachsen-Ebenen im $\mathbb{R}^3$
(*Durchstoßpunkte*)

Gemeint sind die sog. Durchstoßpunkte einer Geraden durch die jeweils von 2 Achsen aufgespannten Ebenen eines 3-dimensionalen Koordinatensystems (siehe Bild 2.6).

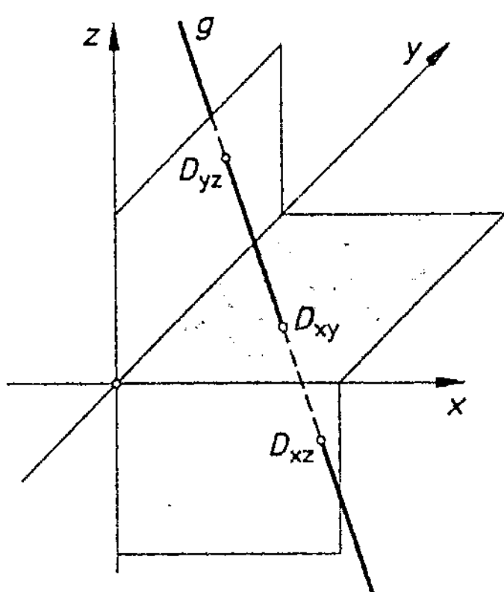

Bild 2.6
Durchstoßpunkte

Der Ansatz

$\left. \begin{array}{l} \vec{x} = (x, y, 0) \\ \vec{x} = (0, y, z) \\ \vec{x} = (x, 0, z) \end{array} \right\}$ liefert den Durchstoßpunkt mit der $\begin{cases} x, y\text{-Ebene: } D_{xy}; \\ y, z\text{-Ebene: } D_{yz}; \\ x, z\text{-Ebene: } D_{xz}. \end{cases}$

▶ *Beispiel:* Von der Geraden g: $\vec{x} = \begin{pmatrix} -5 \\ 3 \\ -1 \end{pmatrix} + \lambda \begin{pmatrix} 4 \\ -2 \\ 1 \end{pmatrix}$ sind die Durchstoßpunkte D_{xy}, D_{yz} und D_{xz} zu bestimmen.

Lösung

Durchstoßpunkt D_{xy}: $\begin{pmatrix} x \\ y \\ 0 \end{pmatrix} = \begin{pmatrix} -5 \\ 3 \\ -1 \end{pmatrix} + \lambda \begin{pmatrix} 4 \\ -2 \\ 1 \end{pmatrix} \Rightarrow \begin{cases} (1) \; x = -5 + 4\lambda \\ (2) \; y = \quad 3 - 2\lambda \\ (3) \; 0 = -1 + 1\lambda. \end{cases}$

Aus (3) folgt $\lambda = 1$, eingesetzt in (1) und (2): $\underline{x = -1}$ bzw. $\underline{y = 1}$.

somit gilt: $D_{xy}(-1/1/0)$.

Entsprechende Ansätze führen auf $D_{yz}\left(0/\frac{1}{2}/\frac{1}{4}\right)$ und $D_{xz}\left(1/0/\frac{1}{2}\right)$.

● *Aufgaben*

2.8   Überprüfen Sie, ob die Punkte $P(2/3/5)$ und $Q(1/4/1)$ auf folgender Geraden liegen:

$$g: \vec{x} = \begin{pmatrix} 7 \\ -2 \\ -5 \end{pmatrix} + \lambda \begin{pmatrix} -2 \\ 2 \\ 4 \end{pmatrix}.$$

2.9   Die Gerade $g: \vec{x} = \begin{pmatrix} 0 \\ -2 \\ 6 \end{pmatrix} + \lambda \begin{pmatrix} 0 \\ 2 \\ -3 \end{pmatrix}$ begrenzt gemeinsam mit y- und z-Achse eine Dreiecksfläche. – Wie groß ist sie?

2.10   Gegeben:

$$g: \vec{x} = \begin{pmatrix} 0 \\ 8 \\ -1 \end{pmatrix} + \lambda \begin{pmatrix} 0 \\ -2 \\ 1 \end{pmatrix} \quad \text{und} \quad h: \vec{x} = \begin{pmatrix} -8 \\ 0 \\ 9 \end{pmatrix} + \mu \begin{pmatrix} 4 \\ 0 \\ -3 \end{pmatrix}.$$

a) Zeigen Sie, daß sich die Geraden g und h auf der z-Achse schneiden. – Welches ist die Kote[1])?

b) Die beiden Geraden spannen gemeinsam mit den Koordinatenachsen einen Tetraeder auf. Berechnen Sie dessen Volumen.

2.11   Gegeben sei die Gerade $g: \vec{x} = \begin{pmatrix} -5 \\ 3 \\ -1 \end{pmatrix} + \lambda \begin{pmatrix} 4 \\ -2 \\ 1 \end{pmatrix}.$

Bestimmen Sie die Durchstoßpunkte der Geraden g durch die

a) x,y-Ebene;   b) y,z-Ebene;   c) x,z-Ebene.

2.12   Eine Spurgerade sei durch den Durchstoßpunkt $D_{xy}(5/3/0)$ und ihren Richtungsvektor $\vec{v} = (1, -2, 2)$ markiert.

Errechnen Sie die beiden anderen Durchstoßpunkte D_{xz} und D_{yz}.

2.13   Ein Straßentunnel wird von zwei Seiten (A, B) geradlinig vorangetrieben, wobei das Planungsbüro den beiden Bautrupps folgende Daten, bezogen auf einen gemeinsamen Meßpunkt (Angabe in m), verbindlich vorschreibt:

Bautrupp 1:	*Bautrupp 2:*
Einstieg $A(-340/-200/-10)$,	Einstieg $B(150/-45/-15)$,
Richtung $\vec{v}_A = (20; 10; -0,25)$;	Richtung $\vec{v}_B = (-22; -6; 0,2)$.

Der Durchstich ist für $S(-180/-120/-12)$ vorgesehen.

Kontrollieren Sie diese Planungsdaten hinsichtlich des gemeinsamen Treffpunktes. Korrigieren Sie ggf. den Übertragungsfehler.

---

[1]) *Kote* = Höhenzahl; die z-Koordinate

2.14 Ein Passagierflugzeug befindet sich im geradlinigen Anflug auf die Landebahn eines Flughafens. Das Radar überwacht den Anflug und übermittelt in konstanten Zeitabständen die Koordinaten der Maschine an einen Rechner (Angaben in m):

$P_1\,(2\,625/2\,570/150)$ und $P_2\,(2\,475/2\,420/125)$

   a) Mit welcher Geschwindigkeit in km/h bewegt sich das Flugzeug, wenn das Radar im Zeitintervall von 3 Sekunden die Koordinaten der Flugroutenpunkte übermittelt?

   b) Wie lautet die vektorielle Geradengleichung, mit der sich der Landeanflug – beginnend mit P_1 – beschreiben läßt?

   c) An welcher Stelle setzt das Flugzeug auf, wenn der Einfachheit halber die z-Komponente der Landebahn mit $z = 0$ angenommen wird?

   d) Der mittige Anfang der Startbahn hat die Koordinaten $Q\,(2\,175/2\,120/0)$. Untersuchen Sie rechnerisch, ob das Flugzeug wie vorgesehen tatsächlich auf dieser Bahn landet.

2.1.3 Schnittpunkt zweier Geraden

Bild 2.7 offenbart es:

Im Schnittpunkt zweier Geraden sind die Abtastvektoren identisch.

Schnittpunktbedingung: 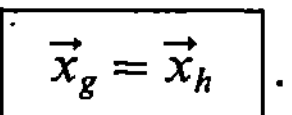   .

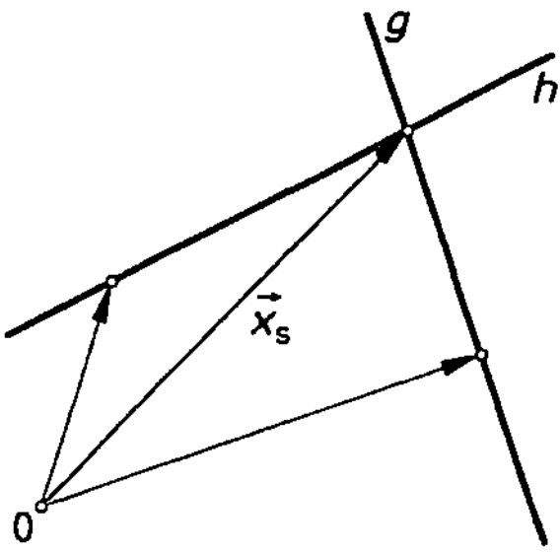

Bild 2.7
Schnittpunkt-Vektor $\vec{x}_S$

Schnittpunkt zweier Geraden im $\mathbb{R}^2$

Das Verfahren stellt eine Alternative dar zur sonst üblichen Vorgehensweise, die Funktionsterme linearer Funktionen gleichzusetzen.

▶ *Beispiel:* Berechnet werden soll der Schnittpunkt der Geraden

$$g:\ \vec{x} = \begin{pmatrix} 3 \\ 4 \end{pmatrix} + \lambda \begin{pmatrix} -1 \\ 3 \end{pmatrix}\quad \text{und}\quad h:\ \vec{x} = \begin{pmatrix} 1 \\ 5 \end{pmatrix} + \mu \begin{pmatrix} 3 \\ -4 \end{pmatrix}.$$

Lösung

Die *Schnittpunktbedingung* liefert den Ansatz

$$\begin{pmatrix} 3 \\ 4 \end{pmatrix} + \lambda \begin{pmatrix} -1 \\ 3 \end{pmatrix} = \begin{pmatrix} 1 \\ 5 \end{pmatrix} + \mu \begin{pmatrix} 3 \\ -4 \end{pmatrix} \Rightarrow \begin{cases} (1)\ 3 - \lambda = 1 + 3\mu \\ (2)\ 4 + 3\lambda = 5 - 4\mu \end{cases}.$$

Das übliche Verfahren zur Auflösung des LGS's ergibt $\lambda = -1$ bzw. $\mu = 1$.

Somit resultiert für den zum Schnittpunkt führenden Abtastvektor

$$\vec{x}_S = \begin{pmatrix} 3 \\ 4 \end{pmatrix} + (-1)\begin{pmatrix} -1 \\ 3 \end{pmatrix} = \begin{pmatrix} 4 \\ 1 \end{pmatrix},\quad \text{also}\quad S\,(4/1).$$

Die Verwendung der vektoriellen Geradengleichung zu h (μ einsetzen) führt zum gleichen Ergebnis.

Kriterien zur Lösbarkeit

Die *Schnittpunktbedingung* liefert

– genau eine Lösung, wenn $g \not\parallel h$ bzw. $g \neq h$;
– keine Lösung, wenn $g \parallel h$;
– unendlich viele Lösungen, wenn $g \equiv h$.

Schnittpunkt zweier Geraden im $\mathbb{R}^3$

Die Vorgehensweise ist vom Grundsatz her dieselbe; die Kriterien zur Lösbarkeit bedürfen einer wesentlichen Ergänzung.

► *Beispiel:* Berechnet werden soll der Schnittpunkt der Geraden

$$g: \vec{x} = \begin{pmatrix} 3 \\ -2 \\ 5 \end{pmatrix} + \lambda \begin{pmatrix} 1 \\ 2 \\ 3 \end{pmatrix} \quad \text{und} \quad h: \vec{x} = \begin{pmatrix} -2 \\ 3 \\ 4 \end{pmatrix} + \mu \begin{pmatrix} 3 \\ -2 \\ 1 \end{pmatrix}.$$

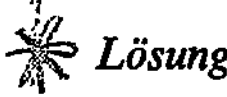 *Lösung*

Die Schnittpunktbedingung liefert den Ansatz

$$\begin{pmatrix} 3 \\ -2 \\ 5 \end{pmatrix} + \lambda \begin{pmatrix} 1 \\ 2 \\ 3 \end{pmatrix} = \begin{pmatrix} -2 \\ 3 \\ 4 \end{pmatrix} + \mu \begin{pmatrix} 3 \\ -2 \\ 1 \end{pmatrix} \Rightarrow \begin{cases} (1) & 3 + \lambda = -2 + 3\mu \Leftrightarrow 5 + \lambda = 3\mu \\ (2) & -2 + 2\lambda = 3 - 2\mu \Leftrightarrow 5 - 2\lambda = 2\mu \\ (3) & 5 + 3\lambda = 4 + \mu \Leftrightarrow 1 + 3\lambda = \mu. \end{cases}$$

Das überbestimmte LGS (2 Variable, 3 Gleichungen) läßt sich durch Einsetzen von (3) in (1) und (2) überführen in

$$\left. \begin{array}{l} (1') \quad 5 + \lambda = 3(1 + 3\lambda) \Leftrightarrow 2 = 8\lambda \Leftrightarrow \lambda = \tfrac{1}{4} \\ (2') \quad 5 - 2\lambda = 2(1 + 3\lambda) \Leftrightarrow 3 = 8\lambda \Leftrightarrow \lambda = \tfrac{3}{8} \end{array} \right\} \Rightarrow \text{Widerspruch!}$$

Wegen des widersprüchlichen Ergebnisses gibt es *keine* Lösung. Da die beiden Geraden offensichtlich nicht parallel zueinander verlaufen (wieso nicht?), folgt, daß sie *windschief*[1]) zueinander sind.

Die folgende Übersicht hilft, die verschiedenen Fälle auseinanderzuhalten, diesmal bezogen auf die Richtungsvektoren:

Lösungskriterien zur Schnittpunktermittlung zweier Geraden

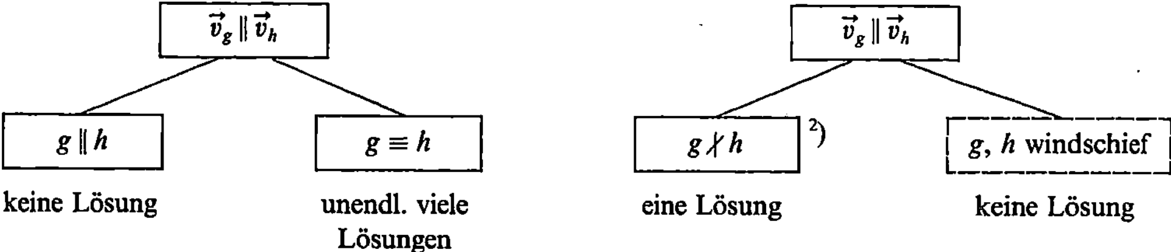

Anmerkung: Das Schema gilt unter Wegfall der gestrichelten Rahmung auch für den $\mathbb{R}^2$.

---

[1]) Veranschaulichung zweier windschiefer Geraden im $\mathbb{R}^3$:
  Halten Sie Ihre abgewinkelten Unterarme überkreuz schützend vor's Gesicht.
[2]) Das Symbol $g \not\parallel h$ steht für „g schneidet h".

● *Aufgaben*

2.15 Ermitteln Sie den Schnittpunkt S vektoriell:

a) $g: \vec{x} = \begin{pmatrix} 0 \\ 2 \end{pmatrix} + \lambda \begin{pmatrix} 4 \\ 1 \end{pmatrix}$,　　　　$h: \vec{x} = \begin{pmatrix} 0 \\ -3 \end{pmatrix} + \mu \begin{pmatrix} 2 \\ 3 \end{pmatrix}$;

b) $g: \vec{x} = \begin{pmatrix} 4 \\ -2 \end{pmatrix} + \lambda \begin{pmatrix} -2 \\ 3 \end{pmatrix}$,　　　　$h: \vec{x} = \begin{pmatrix} 8 \\ 1 \end{pmatrix} + \mu \begin{pmatrix} 4 \\ 3 \end{pmatrix}$.

2.16 Bestimmen Sie Schnittpunkt und Schnittwinkel folgender Geraden:

a) $g: \vec{x} = \begin{pmatrix} 3 \\ 0 \\ 9 \end{pmatrix} + \lambda \begin{pmatrix} -1 \\ 2 \\ -2 \end{pmatrix}$　und　$h: \vec{x} = \begin{pmatrix} 0 \\ 3 \\ 3 \end{pmatrix} + \mu \begin{pmatrix} 1 \\ 1 \\ 2 \end{pmatrix}$;

b) $g: \vec{x} = \begin{pmatrix} 1 \\ -3 \\ -2 \end{pmatrix} + \lambda \begin{pmatrix} 1 \\ 0 \\ 1 \end{pmatrix}$　und　$h: \vec{x} = \begin{pmatrix} 6 \\ -1 \\ 2 \end{pmatrix} + \mu \begin{pmatrix} 2 \\ 2 \\ 1 \end{pmatrix}$;

c) $g: \vec{x} = \begin{pmatrix} 1 \\ 1 \\ 1 \end{pmatrix} + \lambda \begin{pmatrix} 1 \\ 3 \\ 2 \end{pmatrix}$　und　$h: \vec{x} = \begin{pmatrix} 1 \\ 1 \\ 4 \end{pmatrix} + \mu \begin{pmatrix} 1 \\ 3 \\ -1 \end{pmatrix}$.

2.17 Wo und unter welchem Winkel schneiden sich jeweils die Geraden, die wie folgt festgelegt sind:

a) $P_1\,(5/5/-3)$　u.　$P_2\,(8/7/-2)$　bzw.　$P_3\,(4/5/2)$　u.　$P_4\,(5/6/5)$;

b) $Q_1(1/1/-7)$　u.　$Q_2(3/2/-4)$　bzw.　$Q_3(-4/-3/2)$　u.　$Q_4(-1/-1/1)$?

2.18 Die folgenden Geraden sind gegeben:

$$f: \vec{x} = \begin{pmatrix} 5 \\ -1 \\ 3 \end{pmatrix} + \lambda \begin{pmatrix} 1 \\ -3 \\ 2 \end{pmatrix}; \quad g: \vec{x} = \begin{pmatrix} 3 \\ 1 \\ -2 \end{pmatrix} + \mu \begin{pmatrix} 1 \\ 1 \\ 3 \end{pmatrix}; \quad h: \vec{x} = \begin{pmatrix} -1 \\ 0 \\ 4 \end{pmatrix} + \nu \begin{pmatrix} -2 \\ 6 \\ -4 \end{pmatrix}.$$

Bestimmen Sie　　a) $f \cap g$;　　b) $f \cap h$;　　c) $g \cap h$.

Interpretieren Sie die Ergebnisse von b) und c).

2.19 Ein Dreieck sei festgelegt durch $A\,(-4/-3)$, $B\,(4/1)$ und $C\,(1/7)$. Errechnen Sie vektoriell den Schnittpunkt der Winkelhalbierenden w_a mit der Seite a.

2.20 An der Längsseite eines dreieckigen Naherholungsgebietes entlang verläuft eine Straße. An welcher Stelle P müßte ein Parkplatz angelegt werden, damit der zum Ausflugslokal L anzulegende Fuß- und Radfahrweg minimale Länge hat? – Geben Sie diese an.

Die erforderlichen Maße sind aus Bild 2.8 (Angabe in m) zu entnehmen.

Bild 2.8

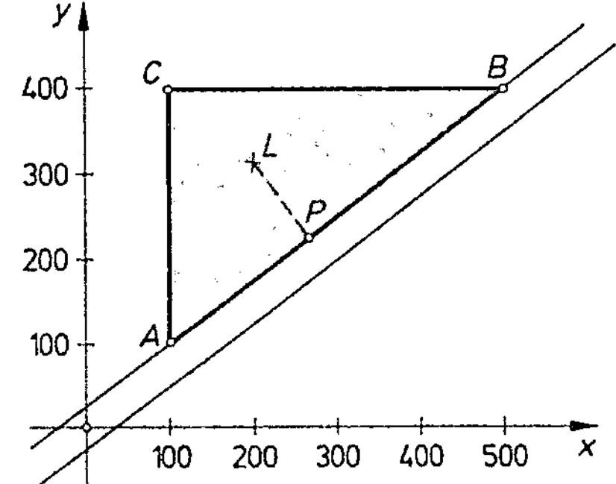

2.21 Bestätigen Sie für den in Aufgabe 2.13 dargestellten Sachverhalt die Durchstich-Koordinaten.

Hinweis: Rechnen Sie mit dem für *Bautrupp 2* korrigierten Richtungsvektor

$$\vec{v}_B = (-22;\ -5;\ 0{,}2).$$

2.22 Ein Airbus der Lufthansa befindet sich im Landeanflug und orientiert sich an dem vom Flughafen ausgesandten Leitstrahl. Die Positionen der anfliegenden Maschine (Angabe in m) werden in einem bestimmten Zeitintervall wie folgt angegeben:

P_1 3 625/3 270/315) und P_2(3 025/2 870/235).

Etwa zur gleichen Zeit wird vom Radar ein Hubschrauber erfaßt, dessen Positionen zunächst mit Q_1 (2 560/2 505/168), etwas später dann bei offensichtlich geradlinigem Flug mit Q_2(2 410/2 427/152) registriert werden.

Werten Sie die Flugdaten im Interesse der Flugsicherheit aus.

2.23 Zwei fest montierte Bühnenscheinwerfer A und B haben, bezogen auf den Regieraum eines Theaters, die Positionen (Angabe in m) $A\,(-3/2/6)$ und $B\,(11/2/8)$. Sie sollen von der Regie aus mit unterschiedlichen Farben bestimmte Objekte auf der Bühne punktuell anstrahlen. Die Bühne selbst ist, wiederum vom Regieraum aus gesehen, wie folgt markiert:

$P_1\,(-8/30/-5)$, $P_2\,(16/30/-5)$, $P_3\,(15/38/-5)$, $P_4\,(-7/38/-5)$.

a) An welcher Stelle der Bühne, bezogen auf P_1(!), befindet sich das anzustrahlende Objekt, wenn die Scheinwerferstrahlen durch folgende Richtungsvektoren angegeben werden können:

$$\vec{v}_A = \begin{pmatrix} 1 \\ 3 \\ -1 \end{pmatrix} \quad \text{bzw.} \quad \vec{v}_B = \begin{pmatrix} -1 \\ 7{,}5 \\ -3 \end{pmatrix}?$$

b) Welche Richtung wäre für Scheinwerfer A anzusteuern, wenn von diesem nachfolgend ein Objekt in P_3', 2m über P_3 postiert, ausgeleuchtet werden soll?

2.2 Analytische Geometrie der Ebene

2.2.1 Die vektorielle Ebenengleichung in Parameterform

Punkt-Richtungsform

Aus Vorangegangenem gefestigt: Zwei nicht-kollineare Vektoren spannen eine Ebene auf. Somit dürfte in Anlehnung an die vektorielle Schreibweise einer Geraden die Notwendigkeit klar sein, ausgehend vom Ursprung 0 eines Bezugssystems (Bild 2.9)

– mit einem Ortsvektor $\vec{r}_0$ zu einem Punkt P_0 einer Ebene E hinzuführen und

– die Vektoren $\vec{v}$ und $\vec{w}$ zu benennen, die diese Ebene aufspannen.

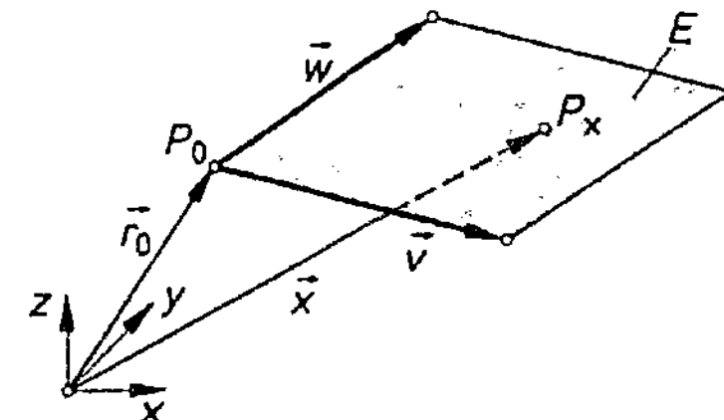

Bild 2.9
Punkt-Richtungsform der Ebene E:
$\vec{x} = \vec{r}_0 + \lambda\vec{v} + \mu\vec{w}$

Um formal festhalten zu können, daß – ausgehend von P_0 – jeder x-beliebige Punkt P_x der Ebene E durch entsprechende Skalarmultiplikation der reellen Zahlen λ und μ mit den Richtungsvektoren $\vec{v}$ und $\vec{w}$ erreicht werden kann, schreibt man für den Ortsvektor $\vec{x} := \overrightarrow{OP_x}$ die Vektorgleichung

$$\vec{x} = \vec{r}_0 + \lambda\vec{v} + \mu\vec{w}.$$

Richtungs- oder Spannvektoren

Stütz- oder Hinführungsvektor

Abtastvektor

Definition 2.2

Es sei E eine Ebene, die den Endpunkt P_0 des Stützvektors $\vec{r}_0$ enthält und durch die nicht-kollinearen Vektoren $\vec{v}$ und $\vec{w}$ aufgespannt wird.

Dann heißt die Darstellung

$$\boxed{\vec{x} = \vec{r}_0 + \lambda\vec{v} + \mu\vec{w}} \quad \text{mit} \quad \lambda, \mu \in \mathbb{R}$$

Punkt-Richtungsform der Ebenengleichung zu E.

Sonderfall: Ist $\vec{r}_0 = \vec{0}$, so spricht man von einer *Ursprungsebene*.

Dreipunkte-Form

Ist die Ebene durch drei Punkte P_1, P_2 und P_3 eindeutig[1]) markiert (Bild 2.10), repräsentieren

$$\overrightarrow{P_1P_2} = \vec{r}_2 - \vec{r}_1 \quad \text{und} \quad \overrightarrow{P_3P_1} = \vec{r}_3 - \vec{r}_1 \quad \text{die Spannvektoren } \vec{v} \text{ und } \vec{w}.$$

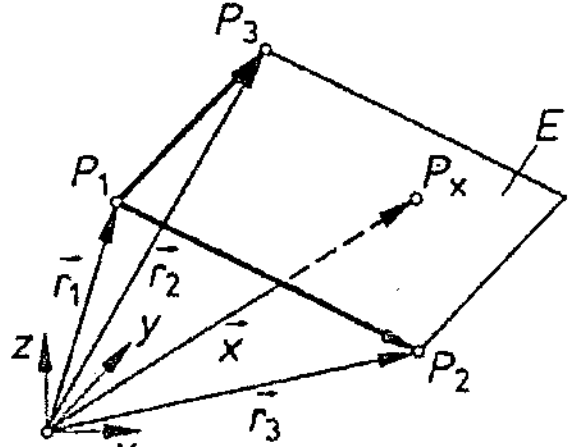

Bild 2.10
Dreipunkteform der Ebene E:
$$\vec{x} = \vec{r}_1 + \lambda(\vec{r}_2 - \vec{r}_1) + \mu(\vec{r}_3 - \vec{r}_1)$$

Auf die gesonderte Ausweisung eines Stützvektors kann verzichtet werden, z.B. übernimmt P_1 diese Aufgabe.

Entsprechend schreibt sich die vektorielle Ebenengleichung in der

$$\boxed{\textit{Dreipunkteform:} \quad \vec{x} = \vec{r}_1 + \lambda(\vec{r}_2 - \vec{r}_1) + \mu(\vec{r}_3 - \vec{r}_1)}.$$

Die Ebene im Anschauungsraum

Die Analogie zu Geradengleichungen im $\mathbb{R}^3$ ist so offensichtlich, daß darauf verzichtet werden kann, die Form allgemein anzuführen.

---

[1]) zur Veranschaulichung: Ein 3-beiniger Tisch kippelt nicht.

▶ **Beispiel:** Die Ebene durch $P_1(1/2/1)$, $P_2(3/-1/2)$ und $P_3(0/3/0)$ soll in Parameterform angegeben werden.

Lösung

Mit Stützvektor $\vec{r}_1$ sowie den Spannvektoren $\vec{v} = \vec{r}_2 - \vec{r}_1$ und
$$\vec{w} = \vec{r}_3 - \vec{r}_1 \quad \text{folgt}$$

$$E: \vec{x} = \begin{pmatrix} 1 \\ 2 \\ 1 \end{pmatrix} + \lambda \begin{pmatrix} 2 \\ -3 \\ 1 \end{pmatrix} + \mu \begin{pmatrix} -1 \\ 1 \\ -1 \end{pmatrix}.$$

● **Aufgaben**

2.24 Gegeben: $E: \vec{x} = \begin{pmatrix} -4 \\ 3 \\ -5 \end{pmatrix} + \lambda \begin{pmatrix} 2 \\ -3 \\ -1 \end{pmatrix} + \mu \begin{pmatrix} -1 \\ 1 \\ -3 \end{pmatrix}.$

Welche Punkte der Ebene E werden abgetastet, wenn gilt

a) $\lambda = -2$, $\mu = 3$;   b) $\lambda = 3$, $\mu = -2$?

2.25 Geben Sie die Punkt-Richtungsform folgender durch drei Punkte festgelegten Ebenen an:

a) $A(3/2/-4)$, $B(-1/1/3)$, $C(-3/4/3)$;   b) $A(-4/2/1)$, $B(3/1/2)$, $C(-2/3/3)$;

c) $A(1/2/-3)$, $B(3/4/1)$, $C(2/2/4)$;   d) $A(1/2/-4)$, $B(3/1/3)$, $C(-3/4/5)$.

2.26 Geben Sie die Parameterform an für die

a) x,y-Ebene;   b) y,z-Ebene;   c) x,z-Ebene.

2.27 Wie heißt die Parameterform einer durch Punkt P und Gerade g wie folgt festgelegten Ebene:

$$P(5/-3/-4) \quad \text{und die Gerade} \quad g: \vec{x} = \begin{pmatrix} -3 \\ 0 \\ 2 \end{pmatrix} + \lambda \begin{pmatrix} 7 \\ 3 \\ -3 \end{pmatrix}?$$

Zusatzfrage: Unter welcher einschränkenden Bedingung – bezogen auf einen vorgegebenen Punkt – ist generell die Aufgabenstellung sinnvoll?

2.28 Zwei Geraden, festgelegt durch
$P_1(1/-1/3)$ und $P_2(1/0/2)$ bzw. $P_3(0/1/2)$ und $P_3(2/1/0)$,
markieren im Anschauungsraum ein Winkelfeld. Wie heißt die vektorielle Ebenengleichung?

Zusatzfrage: Unter welcher einschränkenden Bedingung ist generell die Aufgabenstellung sinnvoll?

2.29 Gegeben sei die Ebenengleichung $E: \vec{x} = \begin{pmatrix} 1 \\ -2 \\ -4 \end{pmatrix} + \lambda \begin{pmatrix} 1 \\ -1 \\ -1 \end{pmatrix} + \mu \begin{pmatrix} 2 \\ -1 \\ -7 \end{pmatrix}$. Überprüfen Sie,

ob die folgenden Punkte in dieser Ebene liegen:

a) $A(0/0/0)$,   b) $B(-1/-1/3)$,   c) $C(-5/4/2)$.

2.30 Geben Sie für nachfolgende Ebenen die Schnittpunkte (= Spurpunkte) mit den Koordinatenachsen an:

a) $E: \vec{x} = \begin{pmatrix} -5 \\ 3 \\ 2 \end{pmatrix} + \lambda \begin{pmatrix} 7 \\ 2 \\ 4 \end{pmatrix} + \mu \begin{pmatrix} 3 \\ -2 \\ 1 \end{pmatrix};$ b) $E: \vec{x} = \begin{pmatrix} -5 \\ 3 \\ -1 \end{pmatrix} + \lambda \begin{pmatrix} 7 \\ -1 \\ 7 \end{pmatrix} + \mu \begin{pmatrix} 3 \\ -2 \\ 3 \end{pmatrix}.$

Interpretieren Sie das Ergebnis von b) geometrisch.

2.31 In welchem Punkt durchstößt die Gerade g die Ebene E, wenn beide wie folgt gegeben sind:

$$\text{a) } g\colon \vec{x} = \begin{pmatrix} -1 \\ 3 \\ 3 \end{pmatrix} + v\begin{pmatrix} 1 \\ 3 \\ 4 \end{pmatrix}, \quad E\colon \vec{x} = \begin{pmatrix} 3 \\ 1 \\ -2 \end{pmatrix} + \lambda\begin{pmatrix} 1 \\ 5 \\ -5 \end{pmatrix} + \mu\begin{pmatrix} 1 \\ -1 \\ 1 \end{pmatrix}$$

$$\text{b) } g\colon \vec{x} = \begin{pmatrix} -2 \\ -5 \\ 4 \end{pmatrix} + v\begin{pmatrix} 2 \\ 1 \\ 4 \end{pmatrix}, \quad E\colon \vec{x} = \begin{pmatrix} -3 \\ -2 \\ 5 \end{pmatrix} + \lambda\begin{pmatrix} 3 \\ 2 \\ 3 \end{pmatrix} + \mu\begin{pmatrix} 4 \\ 1 \\ 2 \end{pmatrix}.$$

2.32 Eine Ebene sei markiert durch $A(-1/4/-3)$, $B(-3/1/2)$, $C(2/-2/3)$.
Berechnen Sie die Schnittpunkte dieser Ebene mit

a) g_1, festgelegt durch $P_1(2/6/-5)$ und $P_2(7/6/-9)$;

b) g_2, festgelegt durch $Q_1(1/5/-2)$ und $Q_2(2/7/-6)$.

*2.2.2 Koordinatenform der Ebenengleichung

Die grundsätzliche Vorgehensweise soll am vorangegangenen Beispiel gezeigt werden:

Aus

$$\vec{x} = \begin{pmatrix} x \\ y \\ z \end{pmatrix} = \begin{pmatrix} 1 \\ 2 \\ 1 \end{pmatrix} + \lambda\begin{pmatrix} 2 \\ -3 \\ 1 \end{pmatrix} + \mu\begin{pmatrix} -1 \\ 1 \\ -1 \end{pmatrix} \quad \text{folgt} \quad \begin{array}{ll} (1) & x = 1 + 2\lambda - \mu \\ (2) & y = 2 - 3\lambda + \mu \\ (3) & z = 1 + \lambda - \mu. \end{array}$$

Um die Parameter λ und μ zu eliminieren, bietet sich das Additionsverfahren an, also

$$\left. \begin{array}{ll} (1) + (2)\colon & x + y = 3 - \lambda \\ (3) + (2)\colon & z + y = 3 - 2\lambda \end{array} \right\} \Rightarrow \underline{2x + y - z = 3.}$$

Das Ergebnis steht für die *Koordinatenform* der Ebenengleichung.

Verallgemeinerung

In Analogie zur allgemeinen Koordinaten-Form der Geradengleichung[1]) nennt man

$$\boxed{ax + by + cz + d = 0}$$ *Koordinatenform der Ebenengleichung.*

Man beachte: Es dürfen nicht alle Koeffizienten zugleich Null sein.

Normalenvektor

Bemerkenswert und doch hier nur angedeutet:

Die Koeffizienten der Koordinatenform der Ebenengleichung stellen die skalaren Komponenten desjenigen Vektors, der auf dieser Ebene senkrecht steht:

$$\text{Normalvektor } \vec{n} = \begin{pmatrix} a \\ b \\ c \end{pmatrix}.$$

---

[1]) allgemeine Form der Geradengleichung: $Ax + By + C = 0$

Bei Wissen um das Kreuzprodukt resultiert gemäß Bild 2.11

$$\vec{n} = \vec{v} \times \vec{w} = (\vec{r}_2 - \vec{r}_1) \times (\vec{r}_3 - \vec{r}_1) = \ldots = \begin{pmatrix} a \\ b \\ c \end{pmatrix}.$$

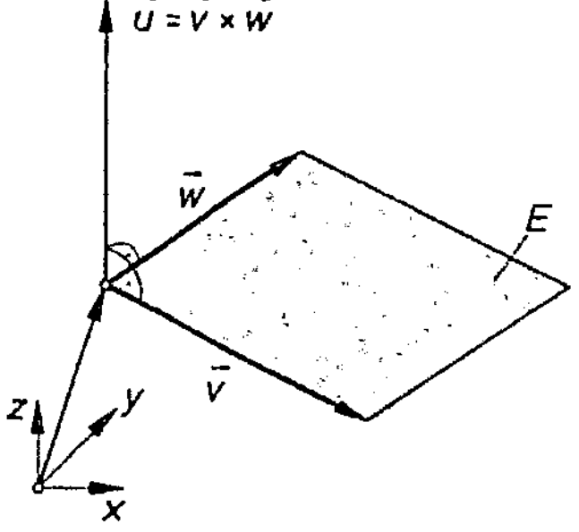

Bild 2.11
Der Normalenvektor $\vec{n} = \vec{v} \times \vec{w}$

Für obiges Beispiel gilt dann

$$\vec{n} = \begin{pmatrix} 2 \\ -3 \\ 1 \end{pmatrix} \times \begin{pmatrix} -1 \\ 1 \\ -1 \end{pmatrix} = \ldots = \begin{pmatrix} 2 \\ 1 \\ -1 \end{pmatrix}. - \text{Probieren Sie es aus.}$$

**Determinantenschreibweise*

Ein nochmaliger Blick auf Bild 2.10 offenbart es:

Das Tripel der Differenzvektoren

$$\vec{x} - \vec{r}_1, \vec{r}_2 - \vec{r}_1, \vec{r}_3 - \vec{r}_1$$

liegt in der Ebene, deren Koordinatenform es zu bestimmen gilt.

Die drei genannten Vektoren spannen *keinen* Spat auf, ihr Spatprodukt muß somit Null sein:

Koordinatenform einer Ebene

$$\langle \vec{x} - \vec{r}_1, \vec{r}_2 - \vec{r}_1, \vec{r}_3 - \vec{r}_1 \rangle = 0.$$

In Verbindung mit Satz 1.11 (siehe Abschnitt 1.6.3) erschließt sich nachfolgender Satz:

Satz 2.2

Es seien $P_1(x_1/y_1/z_1)$, $P_2(x_2/y_2/z_2)$ und $P_3(x_3/y_3/z_3)$ drei nicht auf einer Geraden liegende Punkte.

Dann gilt für die von P_1, P_2 und P_3 aufgespannte Ebene

$$\begin{vmatrix} x - x_1 & x_2 - x_1 & x_3 - x_1 \\ y - y_1 & y_2 - y_1 & y_3 - y_1 \\ z - z_1 & z_2 - z_1 & z_3 - z_1 \end{vmatrix} = 0.$$

Für obiges Beispiel, die Koordinatenform der Ebene E durch $P_1(1/2/1)$, $P_2(0/3/0)$ und $P_3(4/3/5)$ zu erstellen, gilt

$$E: \begin{vmatrix} x-1 & 2 & -1 \\ y-2 & -3 & 1 \\ z-1 & 1 & -1 \end{vmatrix} = 0 \Rightarrow (x-1)\cdot 2 - (y-2)(-1) + z-1)(-1) = 0$$

$$2x - 2 + y - 2 - z + 1 = 0$$

$$\underline{2x + y - z - 3 = 0.}$$

Umwandlung von Koordinaten- in Parameterform

Abschließend soll am obigen Beispiel der umgekehrte Weg gezeigt werden.

Mit Setzungen wie z.B. $x := \lambda$ und $y := \mu$ wird $E: 2x + y - z - 3 = 0$ zunächst überführt in

$$2\lambda + \mu - z - 3 = 0 \Leftrightarrow z = 2\lambda + \mu - 3, \quad \text{also gilt}$$

$$E: \vec{x} = \begin{pmatrix} x \\ y \\ z \end{pmatrix} = \begin{pmatrix} \lambda \\ \mu \\ 2\lambda + \mu - 3 \end{pmatrix} = \begin{pmatrix} 0 \\ 0 \\ -3 \end{pmatrix} + \lambda \begin{pmatrix} 1 \\ 0 \\ 2 \end{pmatrix} + \mu \begin{pmatrix} 0 \\ 1 \\ 1 \end{pmatrix}.$$

Daß diese Parameterform anders aussieht als im obigen Beispiel genannt, mag zunächst irritieren. Doch nachgedacht: Letztendlich gibt es unendlich viele Vektor-Paare, die ein und dieselbe Ebene aufspannen. Ein Gleichsetzen der beiden vorgestellten Parameterformen für $E: 2x + y - z - 3 = 0$ bestätigt die Richtigkeit. – Probieren Sie es aus!

● *Aufgaben*

2.33   Wie heißt jeweils die Koordinatenform:

a) $\vec{x} = \begin{pmatrix} -3 \\ 2 \\ 5 \end{pmatrix} + \lambda \begin{pmatrix} 3 \\ 2 \\ 3 \end{pmatrix} + \mu \begin{pmatrix} 4 \\ 1 \\ 2 \end{pmatrix};$ b) $\vec{x} = \begin{pmatrix} 3 \\ 1 \\ -2 \end{pmatrix} + \lambda \begin{pmatrix} 1 \\ -1 \\ 1 \end{pmatrix} + \mu \begin{pmatrix} 1 \\ 5 \\ -5 \end{pmatrix}.$

2.34   Geben Sie die Koordinatenform folgender durch drei Punkte festgelegten Ebenen mittels Determinanten an:

a) $A(3/2/-4)$, $B(-1/1/3)$, $C(-3/4/3)$;   b) $A(-4/2/1)$, $B(3/1/2)$, $C(-2/3/3)$;

c) $A(1/2/-3)$, $B(3/4/1)$, $C(2/2/4)$;   d) $A(1/2/-4)$, $B(3/1/3)$, $C(-3/4/5)$.

Überführen Sie anschließend die Koordinaten- in die Parameterform. – Vergleichen Sie mit den Ergebnissen von Aufgabe 2.25.

2.35   a) Zeigen Sie, daß $E: 3x + y - z = 0$ *Ursprungsebene* ist.

b) Wie lautet die Koordinatenform der Ebene, die parallel zu E durch $P(2/1/-3)$ verläuft?

2.36   Der Punkt $P(-2/3/4)$ liegt in einer Ebene E, die senkrecht auf der Geraden durch $P_1(2/-1/1)$ und $P_2(3/2/-1)$ steht.

Wie heißt E in Koordinatenform?

*3   Komplexe Zahlen

3.1   Grundlagen

Zahlenbereichserweiterung von $\mathbb{R}$ auf $\mathbb{C}$

Zur Erinnerung: Die algebraische Gleichung $x^2 + 1 = 0$ hat für $\mathbb{R}$ keine Lösung; denn es ist nicht möglich, eine reelle Zahl anzugeben, die mit sich selbst multipliziert -1 ergibt.

Die Festsetzung $\boxed{i := \sqrt{-1}}$ (*imaginäre Einheit* genannt)

führt auf $\boxed{i^2 = -1}$;

der Mißstand hinsichtlich einer Lösung für obige Gleichung ist beseitigt:

$$x^2 + 1 = 0 \Rightarrow x_1 = i \quad \text{bzw.} \quad x_2 = -i.$$

Entsprechendes gilt z.B. für

$$x^2 + 4 = 0 \Rightarrow x_1 = 2i \quad \text{bzw.} \quad x_2 = -2i$$
oder
$$x^2 + 9 = 0 \Rightarrow x_1 = 3i \quad \text{bzw.} \quad x_2 = -3i.$$

Die Vielfachen der imaginären Einheit – *imaginäre Zahlen* genannt – zusammengefaßt mit den „richtigen"[1]) (= reellen) Zahlen, eröffnet die Möglichkeit, den Zahlenbereich sinnvoll zu erweitern zur

Menge der komplexen Zahlen $\boxed{\mathbb{C} := \{z \mid z = x + y \cdot i;\ x, y \in \mathbb{R}\}}$.

Dabei heißt x der *Realteil* und y der *Imaginärteil* von z;
Schreibweise: $x = \operatorname{Re} z$ und $y = \operatorname{Im} z$.

Beispiele: $z_1 = 2 + 3i$; $z_2 = 3 - 2i$; $z_3 = -\frac{1}{2} + i$; $z_4 = 1 - \frac{1}{4}i$; usw.

Sonderfall: $y = 0$

Es treten nur die Realteile der komplexen Zahlen auf, es sind dies die reellen Zahlen als Teilmenge von $\mathbb{C}$.

Bild 3.1 hält die Erkenntnis graphisch fest.

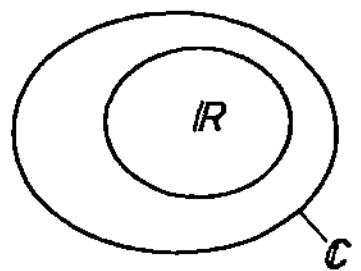

Bild 3.1
IR als Teilmenge
von $\mathbb{C}$

---

[1]) der Begriff geht auf Carl-Friedrich *Gauß* zurück

Mit dem 2., weniger spektakulären Sonderfall, $\underline{x = 0}$, werden alle imaginären Zahlen erfaßt.

▶ *Beispiel:* Geben Sie die Lösung der Gleichung $x^2 - 4x + 5 = 0$ an.

Lösung: Unter Anwendung der p, q-*Formel* resultiert

$$x_{1,2} = +2 \pm \sqrt{2^2 - 5},$$
$$x_{1,2} = +2 \pm \sqrt{-1}, \quad \text{also} \quad x_1 = 2 + i \quad \text{bzw.} \quad x_2 = 2 - i.$$

Konjugiert-komplexe Zahlen

Das durchgerechnete Beispiel liefert als Lösung zwei komplexe Zahlen, die sich lediglich im Imaginärteil voneinander unterscheiden.

Sie heißen *konjugiert-komplex* zueinander; allgemein wie folgt anzugeben:

$$z = x + y \cdot i \quad \text{und} \quad \bar{z} = x - y \cdot i.$$

Darstellung komplexer Zahlen

Die Darstellung komplexer Zahlen erfolgt in der *Gauß'schen Zahlenebene*, auch *z-Ebene* genannt. Sie ist nichts anderes als ein kartesisches Koordinatensystem, wobei vereinbart ist,

auf der x-Achse den *Realteil*
und   } der komplexen Zahlen abzutragen.
auf der y-Achse den *Imaginärteil*

Die eigentliche komplexe Zahl findet sich als Gitterpunkt der Realteil- und Imaginärteil-Komponenten in der $\mathbb{R}^2$-Ebene wieder.

Da sich umgekehrt eindeutig jedem Punkt der x, y-Ebene sowohl ein Paar als auch ein Ortsvektor zuordnen läßt, kann jede komplexe Zahl dargestellt werden als

Paar: $z = a + bi = (a, b)$

bzw. *Ortsvektor:* $z = a + bi = \begin{pmatrix} a \\ b \end{pmatrix}.$ [1]

Bild 3.2 veranschaulicht die Zusammenhänge.

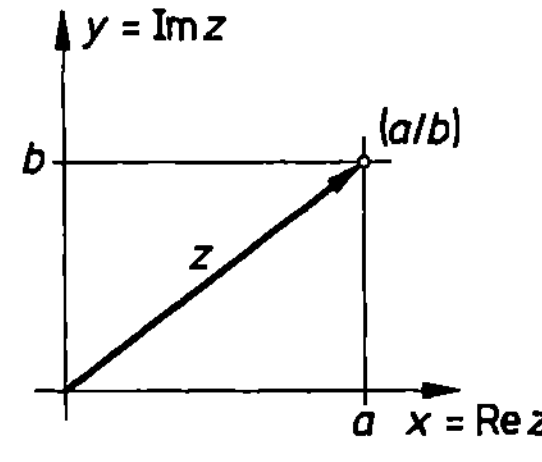

Bild 3.2
Gauß'sche Zahlenebene

Konsequent weitergedacht, lassen sich komplexe Zahlen auch wie folgt mit *Basisvektoren* schreiben:

$$z = a \begin{pmatrix} 1 \\ 0 \end{pmatrix} + b \begin{pmatrix} 0 \\ 1 \end{pmatrix}, \quad \text{wobei hier} \quad i := \begin{pmatrix} 0 \\ 1 \end{pmatrix}.$$

---

[1] z wird im mathematischen Schrifttum bewußt *ohne* Pfeil geschrieben. Daß komplexe Zahlen einen 2-dimensionalen Vektorraum bilden (siehe Kapitel 1.5), steht dem nicht entgegen.

Die übliche S-Multiplikation führt auf

$$z = \begin{pmatrix} a \\ 0 \end{pmatrix} + \begin{pmatrix} 0 \\ b \end{pmatrix} = \begin{pmatrix} a \\ b \end{pmatrix}.$$

Gleichheit

In Anlehnung an die Gleichheit von Vektoren (bzw. Paaren) dürfte klar sein, daß komplexe Zahlen genau dann gleich sind, wenn sie gleiche Real- und gleiche Imaginärteile aufweisen.

Für $z_1 = a + bi$ und $z_2 = c + di$ heißt das:

$$z_1 = z_2 \Leftrightarrow a = c \wedge b = d.$$

3.2 Grundrechenarten

3.2.1 Addition und Subtraktion komplexer Zahlen

Die Ausführungen von Abschnitt 1.2.1 können übernommen werden; es bedarf keiner neuen Definition.

Für die komplexen Zahlen $z_1 = a + bi$ und $z_2 = c + di$ gilt dann bei

$$\textit{Addition:} \quad z_1 + z_2 = \begin{pmatrix} a \\ b \end{pmatrix} + \begin{pmatrix} c \\ d \end{pmatrix} = \begin{pmatrix} a + c \\ b + d \end{pmatrix} = (a + c) + (b + d)i;$$

$$\textit{Subtraktion:} \quad z_1 - z_2 = \begin{pmatrix} a \\ b \end{pmatrix} - \begin{pmatrix} c \\ d \end{pmatrix} = \begin{pmatrix} a - c \\ b - d \end{pmatrix} = (a - c) - (b + d)i.$$

Addition und Subtraktion laufen in der *Gauß'schen Zahlenebene* gemäß Parallelogrammregel ab; in Bild 3.3 exemplarisch für die Addition veranschaulicht:

$$\left. \begin{array}{l} z_1 = 5 + i \\ z_2 = 1 + 3i \end{array} \right\} \Rightarrow z_s = z_1 + z_2 = 6 + 4i.$$

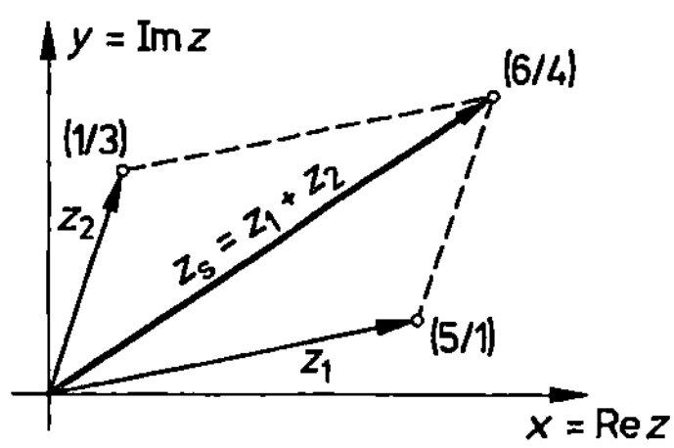

Bild 3.3 Addition: $z_s = z_1 + z_2$

Sonderfall: **Addition und Subtraktion konjugiert-komplexer Zahlen**

Addition	*Subtraktion*
$z + \bar{z} = (a + bi) + (a - bi)$	$z - \bar{z} = (a + bi) - (a - bi)$
$\phantom{z + \bar{z}} = 2a;$	$\phantom{z - \bar{z}} = 2bi.$

$$\left. \begin{array}{l} \text{Die Summe} \\ \text{die Differenz} \end{array} \right\} \text{konjugiert-komplexer Zahlen ist} \left\{ \begin{array}{l} \text{reell,} \\ \text{imaginär.} \end{array} \right.$$

● *Aufgaben*

3.1 Welches sind die Lösungen nachfolgender quadratischer Gleichungen:

a) $x^2 - 4x + 5 = 0$;   b) $x^2 = 6x - 13$;   c) $-\frac{1}{2}x^2 = x + 5$?

3.2 Ermitteln Sie sowohl algebraisch als auch geometrisch $z_1 + z_2$ bzw. $z_1 - z_2$:

a) $z_1 = \;\;\; 2 + 3i$,   b) $z_1 = -5 + 4i$,   c) $z_1 = -2 - 3i$,

$z_2 = -3 + 2i$; $z_2 = \;\;\; 2 - 3i$; $z_2 = -4 - 5i$.

3.3 Gegeben: $z_1 = 3 + 2i$ und $z_2 = -2 + 3i$. – Errechnen Sie

a) $z_1 + \bar{z}_2$;   b) $\bar{z}_1 + z_2$;   c) $\bar{z}_1 + \bar{z}_2$;

d) $z_1 - \bar{z}_2$;   e) $z_2 - \bar{z}_1$;   f) $\bar{z}_2 - \bar{z}_1$.

3.4 Errechnen Sie die Beträge folgender komplexer Zahlen:

a) $z_1 = 6 + 8i$;   b) $z_2 = 12 - 5i$;   c) $z_3 = -20 - 15i$.

3.5 Beweisen Sie:

a) $\overline{z_1 + z_2} = \bar{z}_1 + \bar{z}_2$;   b) $\overline{z_1 \cdot z_2} = \bar{z}_1 \cdot \bar{z}_2$.

3.2.2   Multiplikation komplexer Zahlen

Aus den *Vektorraum-Axiomen* läßt sich nichts ableiten über die Multiplikation komplexer Zahlen. Diese Verknüpfung muß erst definiert werden:

Definition 3.1

Für zwei komplexe Zahlen $z_1 = a + bi$ und $z_2 = c + di$ gilt:

$$z_1 \cdot z_2 = \begin{pmatrix} a \\ b \end{pmatrix} \cdot \begin{pmatrix} c \\ d \end{pmatrix} := \begin{pmatrix} ac - bd \\ ad + bc \end{pmatrix} = (ac - bd) + (ad + bc)i.$$

Zu kompliziert? – Es geht einfacher unter Anwendung der üblichen Klammerregeln:

$$z_1 \cdot z_2 = (a + bi)(c + di)$$
$$= a(c + di) + bi(c + di) = ac + adi + bci + bdi^2; \quad \text{mit} \quad i^2 = -1 \quad \text{folgt}$$
$$z_1 \cdot z_2 = ac + (ad + bc)i + bd(-1) = (ac - bd) + (ad + bc)i.$$

Ein Vertausch der Faktoren liefert das gleiche Resultat:

Das *Kommutativgesetz* gilt, also $\boxed{z_1 z_2 = z_2 z_1}$.

▶ *Beispiel:* Bilden Sie das Produkt von $z_1 = 2 + 5i$ und $z_2 = 3 - 4i$.

Lösung: Unter Berücksichtigung von Definition 1.16 erschließt sich

$$z_1 \cdot z_2 = \begin{pmatrix} 2 \\ 5 \end{pmatrix} \cdot \begin{pmatrix} 3 \\ -4 \end{pmatrix} = \begin{pmatrix} 2 \cdot 3 - 5 \cdot (-4) \\ 2 \cdot (-4) + 5 \cdot 3 \end{pmatrix} = \begin{pmatrix} 6 + 20 \\ -8 + 15 \end{pmatrix} = 26 + 7i.$$

Ausmultiplizieren, wie bei reellen Zahlen gewöhnt, führt auf das gleiche Ergebnis. – Probieren Sie es aus.

Sonderfall: **Multiplikation konjugiert-komplexer Zahlen**

$$z \cdot \bar{z} = (a + bi)(a - bi) = a^2 + abi - abi - b^2 i^2, \quad \text{wegen} \quad i^2 = -1 \quad \text{folgt}$$
$$z \cdot \bar{z} = a^2 - b^2.$$

| Das Produkt *konjugiert-komplexer* Zahlen ist reell.

Betrag einer komplexen Zahl

Der Betrag einer komplexen Zahl $z = a + bi$ ergibt sich zu

$$|z| := \sqrt{z \cdot \bar{z}} = \sqrt{a^2 + b^2}.$$

Ein Blick auf obiges Bild 3.2 verdeutlicht die Analogie zum Betrag von Vektoren: Es ist nichts anderes als das mittels *Pythagoras* bestimmbare Maß für den Abstand des Punktes (a/b) vom Ursprung.

Anmerkung: Für $\mathbb{C}$ gelten die Ordnungsaxiome *nicht.*

● *Aufgaben*

3.6 Ermitteln Sie jeweils das Produkt $z_1 \cdot z_2$:

    a) $z_1 = \quad 2 + 3i,$ b) $z_1 = -5 + 4i,$ c) $z_1 = -2 - 3i,$

       $z_2 = -3 + 2i;$ $z_2 = \quad 2 - 3i;$ $z_2 = -4 - 5i.$

3.7 Zeigen Sie: Die Multiplikation komplexer Zahlen ist kommutativ.

3.2.3 Division komplexer Zahlen

Es bedarf einer weiteren Definition:

Definition 3.2

Für zwei komplexe Zahlen $z_1 = a + bi$ und $z_2 = c + di$ mit $z_2 \neq 0$ gilt:

$$\frac{z_1}{z_2} = \frac{ac + bd}{c^2 + d^2} + \frac{bc - ad}{c^2 + d^2} i.$$

Zugegeben – kompliziert! Einfacher geht's, indem der Quotient mit der konjugiert-komplexen Zahl des Nenners erweitert wird:

$$\frac{z_1}{z_2} = \frac{z \cdot \bar{z}_2}{z_2 \cdot \bar{z}_2} = \frac{(a + bi)(c - di)}{(c + di)(c - di)} = \frac{ac - adi + bci - bdi^2}{c^2 + d^2} \quad \text{oder}$$

$$\frac{z_1}{z_2} = \frac{(ac + bd) + (bc - ad)i}{c^2 + d^2} = \frac{ac + bd}{c^2 + d^2} + \frac{bc - ad}{c^2 + d^2} i.$$

Beispiel: Bilden Sie den Quotienten $z = \dfrac{4 - 3i}{1 - 2i}$.

Lösung: Erweitern des Bruches mit der konjugiert-komplexen Zahl $1 + 2i$ führt auf

$$z = \frac{(4 - 3i)(1 + 2i)}{(1 - 2i)(1 + 2i)} = \ldots = \frac{10 + 5i}{1^2 + 2^2} = 2 + i.$$

Vertausch von Zähler und Nenner führt auf $z' = \dfrac{2 - i}{5}$. Überprüfen Sie es!

| Die Quotientenbildung ist *nicht kommutativ.*

Ausblickend noch soviel:

1. Alle Rechengesetze, die für $\mathbb{R}$ gelten, gelten auch für $\mathbb{C}$.
2. Die komplexen Zahlen bilden die Basis für mannigfaltige Problemlösungsstrategien in Theorie und Praxis (z.B. Elektrotechnik).

Aufgaben

3.8 Ermitteln Sie für die in Aufgabe 3.2 genannten komplexen Zahlen $z_{1,2}$ jeweils den Quotienten z_1/z_2 bzw. z_2/z_1.

3.9 Entwickeln Sie allgemein für $z_1 = a + bi$ und $z_2 = c + di$ den Quotienten z_2/z_1.

Sachwortverzeichnis